猪常用生物制品合理使用

主　编

陈晓月

副主编

梁　华　于立辉

编著者

赵玉军　刘宝山

王建民　潘树德　韩小虎

金盾出版社

内 容 提 要

本书由沈阳农业大学动物医学院专家精心编著。内容包括:我国养猪业的发展现状和趋势,规模化猪场疫病流行特点,猪用生物制品对猪各种疫病的防治作用,兽用生物制品的类型,猪常用疫苗、抗血清、诊断制品、微生态制剂、类毒素、副免疫制品的合理使用等,并以附表形式,介绍了生物制品使用过程中常用名词及英文缩写以及商品猪、种母猪、种公猪参考免疫程序。文字通俗易懂,内容先进实用,适合养猪场(户)技术人员、基层兽医以及各农业院校相关专业师生阅读参考。

图书在版编目(CIP)数据

猪常用生物制品合理使用/陈晓月主编.-- 北京 : 金盾出版社,2012.1

ISBN 978-7-5082-7217-7

Ⅰ.①猪… Ⅱ.①陈… Ⅲ.①猪病—生物制品:兽用药—用药法 Ⅳ.①S859.79

中国版本图书馆 CIP 数据核字(2011)第 202867 号

金盾出版社出版、总发行

北京太平路 5 号(地铁万寿路站往南)

邮政编码:100036 电话:68214039 83219215

传真:68276683 网址:www.jdcbs.cn

封面印刷:北京印刷一厂

正文印刷:北京华正印刷有限公司

装订:北京华正印刷有限公司

各地新华书店经销

开本:850×1168 1/32 印张:5.75 字数:141 千字

2012 年 1 月第 1 版第 1 次印刷

印数:1~8 000 册 定价:12.00 元

前　言

随着我国农业产业化改革的不断深入,有力地带动了养猪业的持续发展,养猪业已成为农业经济的重要支柱产业之一。随着养殖规模的不断扩大,养殖方式的不断更新,我国养猪业正逐步由传统的一家一户分散型饲养向专业化、企业化、商品化、集约化、规模化饲养转变。尽管疾病防治和研究水平有了不断提高,给广大养殖户带来了极大的经济效益,带动和促进了养猪业的进步。但在生产实践中,疾病问题仍十分突出,已经成为困扰养猪业健康发展的重要因素。因此,如何有效预防、控制、治疗和及时诊断猪病,保障养猪业的健康发展,已成为养殖业和相关专业人员所面临的艰巨任务。

生物制品在动物疾病的预防、治疗和诊断中都起着非常重要的作用,同时生物制品的安全也与食品安全密切相关,是关系到保障人类健康和社会稳定的重大问题,应引起我们的高度重视。如何管理好、使用好兽用生物制品,强化生物安全意识,保证产品优质高效,改变以往十分混乱的状况已成为人们关注的焦点。目前,我国兽用生物制品种类繁多,同种疾病可供选择的生物制品有数十种之多,但各自的性质、特点又有很大的不同。因此,如何选择合适的生物制品预防传染病,保证养殖业的健康发展,是广大养殖户最为关心和亟待解决的问题。

本书力求从生产实践出发,重点介绍用于养猪生产的各种生物制品的种类、特点及使用时应注意的问题,阐述在猪的预防接种中应注意的若干问题,分析出现免疫失败的原因。在编写过程中尽量做到文字通俗易懂,简单明了,注重技术的实用性和可操作性,方便广大养殖户了解和掌握,可供养殖户在日常饲养过程和疫病防治过程中作为参考。

在本书的编写过程中,得到了许多专家和同行的大力支持和帮助,在此表示衷心的感谢。随着现代科技的迅速发展,兽用生物制品也在不断更新,虽然在编写过程中,笔者尽可能收集多种生物制品的资料,但由于个人知识有限和所获信息不足,难以全部描述,疏漏和错误之处在所难免,恳请广大读者给予指正,以做进一步修改。

编著者

目　录

第一章　概述……………………………………………（1）
　一、我国养猪业的发展现状和趋势 ………………………（1）
　二、规模化猪场疫病流行特点 ……………………………（2）
　　（一）疫病种类多而复杂…………………………………（3）
　　（二）疫病出现非典型性变化……………………………（3）
　　（三）细菌性疾病和寄生虫病的危害不断加大…………（3）
　　（四）混合感染和综合征多有发生………………………（4）
　　（五）营养代谢疾病和中毒性疾病增多…………………（4）
　　（六）呼吸道疾病危害严重………………………………（5）
　　（七）免疫抑制性疾病的危害持续加重…………………（5）
　　（八）新病不断出现………………………………………（5）
　三、生物制品对猪各种疫病的防治作用 …………………（6）
　　（一）免疫预防……………………………………………（6）
　　（二）疾病诊断和免疫监测………………………………（8）
　　（三）疾病治疗……………………………………………（9）
第二章　兽用生物制品的类型………………………………（10）
　一、生物制品的命名原则…………………………………（10）
　二、生物制品的分类………………………………………（11）
　　（一）按生物制品性质分类………………………………（11）
　　（二）按生物制品制造方法和物理性状分类 ……………（23）
第三章　猪常用疫苗的合理使用 …………………………（25）
　一、疫苗选购的总体要求…………………………………（25）
　二、疫苗的性状以及保存、运输方法 ……………………（28）
　　（一）疫苗的性状 ………………………………………（28）

（二）疫苗的保存 …………………………………… （28）

（三）疫苗的运输方法 ……………………………… （29）

三、疫苗的稀释方法和使用剂量……………………… （30）

（一）疫苗的稀释方法 ……………………………… （30）

（二）疫苗的使用剂量 ……………………………… （31）

四、疫苗的接种次数和间隔时间……………………… （32）

五、疫苗的接种方法…………………………………… （32）

（一）肌内注射接种法 ……………………………… （33）

（二）皮下注射接种法 ……………………………… （33）

（三）皮内注射接种法 ……………………………… （34）

（四）口服接种法 …………………………………… （34）

（五）静脉注射接种法 ……………………………… （35）

（六）滴鼻接种法 …………………………………… （36）

（七）超前免疫 ……………………………………… （36）

（八）气管内和胸腔内注射接种法 ………………… （36）

（九）穴位注射接种法 ……………………………… （36）

六、猪常用疫苗的种类及使用方法………………… （37）

（一）猪瘟疫苗 ……………………………………… （37）

（二）猪口蹄疫疫苗 ………………………………… （48）

（三）猪日本乙型脑炎疫苗 ………………………… （55）

（四）猪伪狂犬病疫苗 ……………………………… （58）

（五）猪细小病毒病疫苗 …………………………… （62）

（六）猪繁殖与呼吸综合征疫苗 …………………… （66）

（七）猪流行性感冒疫苗 …………………………… （70）

（八）猪传染性胃肠炎疫苗 ………………………… （71）

（九）猪流行性腹泻疫苗 …………………………… （74）

（十）猪轮状病毒病疫苗 …………………………… （75）

（十一）猪圆环病毒病疫苗 ………………………… （77）

（十二）猪丹毒疫苗 …………………………………… （78）

（十三）猪大肠杆菌病疫苗 ……………………………… （83）

（十四）猪布鲁氏菌病疫苗 ……………………………… （87）

（十五）猪巴氏杆菌病疫苗 ……………………………… （89）

（十六）仔猪梭菌性肠炎疫苗 …………………………… （91）

（十七）猪链球菌病疫苗 ………………………………… （95）

（十八）猪传染性萎缩性鼻炎疫苗 ……………………… （97）

（十九）猪支原体肺炎疫苗 ……………………………… （100）

（二十）仔猪副伤寒疫苗 ………………………………… （102）

（二十一）猪传染性胸膜肺炎疫苗 ……………………… （104）

（二十二）副猪嗜血杆菌病疫苗 ………………………… （106）

第四章　猪常用抗血清的合理使用 …………………… （109）

一、抗血清的作用、应用范围及使用时的注意事项 ……… （109）

（一）抗血清的作用 ……………………………………… （109）

（二）抗血清的应用范围 ………………………………… （110）

（三）抗血清使用时的注意事项 ………………………… （111）

二、抗血清的制备过程 …………………………………… （112）

（一）制备抗血清动物的选择与饲养管理 ……………… （112）

（二）免疫原与免疫程序的选择 ………………………… （113）

（三）血清抗体的检测 …………………………………… （115）

（四）采血与抗血清的提取 ……………………………… （115）

（五）抗血清的检验 ……………………………………… （116）

三、猪常用抗血清的种类及使用方法 …………………… （116）

（一）抗猪瘟血清 ………………………………………… （116）

（二）抗口蹄疫 O 型血清 ………………………………… （118）

（三）抗破伤风血清 ……………………………………… （118）

（四）抗猪伪狂犬病血清 ………………………………… （119）

（五）抗狂犬病血清 ……………………………………… （120）

（六）抗猪丹毒血清 ·· （120）

（七）抗猪巴氏杆菌病血清 ·· （121）

（八）抗炭疽血清 ·· （122）

（九）精制抗炭疽血清 ··· （123）

（十）精制血清囊素冻干粉（高热血抗）············· （123）

第五章　猪常用诊断制品的合理使用·························· （125）

一、炭疽沉淀素血清 ·· （125）

二、结核菌素 ··· （125）

三、布鲁氏菌病平板凝集试验抗原 ···························· （126）

四、布鲁氏菌病虎红平板凝集试验抗原 ····················· （127）

五、布鲁氏菌病试管凝集试验抗原、阳性血清与阴性

血清 ··· （128）

第六章　猪常用微生态制剂的合理使用····················· （129）

一、微生态制剂的概念和作用机制 ····························· （129）

（一）微生态制剂的概念··· （129）

（二）微生态制剂的作用机制····································· （130）

二、微生态制剂对菌种的要求 ···································· （133）

三、微生态制剂的使用方法 ······································· （136）

（一）微生态制剂的选择·· （136）

（二）微生态制剂的使用时间和时机··························· （137）

（三）微生态制剂的使用剂量····································· （137）

（四）微生态制剂与抗菌药物配合使用·················· （138）

四、微生态制剂的保存 ··· （138）

五、微生态制剂使用时存在的问题 ····························· （139）

六、猪常用微生态制剂的种类及使用方法 ·················· （140）

（一）需氧芽孢杆菌制剂·· （140）

（二）乳酸菌制剂·· （146）

（三）酵母类制剂··· （150）

（四）拟杆菌制剂 …………………………………… （151）

（五）优杆菌属制剂 ………………………………… （151）

（六）其他微生态制剂 ……………………………… （151）

第七章　猪常用类毒素的合理使用 ………………… （153）

一、类毒素的概念 …………………………………… （153）

二、猪常用类毒素的种类及使用方法 ……………… （153）

（一）猪传染性萎缩性鼻炎类毒素 ………………… （153）

（二）破伤风类毒素 ………………………………… （154）

第八章　猪常用副免疫制品的合理使用 …………… （155）

一、免疫增强剂 ……………………………………… （155）

（一）猪用免疫球蛋白 ……………………………… （155）

（二）母猪牲命 1 号 ………………………………… （156）

（三）促免 1 号 ……………………………………… （156）

二、维生素类复合制剂 ……………………………… （157）

（一）牛磺酸维生素 C 粉 …………………………… （157）

（二）B 族精华素 …………………………………… （157）

（三）催情散维生素 E 粉 …………………………… （158）

（四）金菊维生素 C ………………………………… （158）

（五）纳米元素螯合预混剂 ………………………… （159）

三、微量元素合剂 …………………………………… （160）

（一）好得快 ………………………………………… （160）

（二）通用牲血素 …………………………………… （160）

四、复合酶制剂 ……………………………………… （161）

（一）氧化酶 ………………………………………… （161）

（二）蛋白酶制剂 …………………………………… （161）

（三）妙益生口服液 ………………………………… （162）

五、其他副免疫制剂 ………………………………… （163）

（一）快乐开食酸 …………………………………… （163）

（二）孕马血清促性腺激素 …………………………………（163）

（三）猪 R-干扰素 …………………………………………（164）

（四）猪白细胞干扰素 ……………………………………（165）

附表一 生物制品使用过程中常用名词及英文缩写 ………（166）

附表二 商品猪参考免疫程序 ……………………………（167）

附表三 种母猪参考免疫程序 ……………………………（168）

附表四 种公猪参考免疫程序 ……………………………（169）

参考文献 …………………………………………………（170）

第一章　概　述

一、我国养猪业的发展现状和趋势

改革开放 20 多年来,我国畜牧业保持了较高的发展速度,在市场经济的推动下,我国畜牧业生产实现了持续增长。目前,从事畜牧业生产的劳动人口近 1 亿人,畜牧业在农业结构调整、粮食转化增值、安全食品生产、吸纳农村剩余劳动力等方面发挥着主导作用,成为我国广大农民脱贫致富、走向小康的重要途径,是发展农业和农村经济的支柱产业。2000 年以后,我国保持着肉类产量年递增 10%、奶产量年递增近 12% 的发展速度,畜牧业产值达 13 000 亿元左右,约占农业总产值的 30%。我国每年出栏商品猪 6 亿头左右(约占世界总存栏量的 50%),居世界第一位。猪肉在全国肉类总产量中的比重占 65%,比世界平均水平高近 28 个百分点。随着人口的增加和人民膳食水平的提高,养猪业的快速发展是不容置疑的,也是实现以人为本,提高人民膳食水平,全面建设和谐社会的迫切需求。

由于养猪风险和饲料成本不断增加,促使生猪行业进入新一轮产业调整期,农村散养户大量退出,养猪业生产规模化进程不断加快,我国养猪业已逐步由传统的分散型饲养向专业化、集约化、规模化饲养转变,这也是规模效益之所在。

总体而言,我国养猪生产发生以下几方面变化:①由分散的家庭式副业生产向专业户养猪和规模化、集约化养猪方向发展。②逐步摆脱传统的养猪方法,向依靠养猪新技术提高效益方向发展。特别是改革开放的二十几年来,我国养猪业的科技含量不断提高,如优良种猪的引进和现代猪育种技术的应用、环境控制、计算机管理、现代化生产流程、猪人工授精等技术的运用,大大促进了我国养猪水平的提高。③从追求高的胴体瘦肉率,向重视猪的繁殖力和较好的肉质方向发展,特别是随着生活水平的提高,人们对高品质、高安全性的猪肉需求越来越强烈。④从追求时髦的规模化养猪向生态养殖、建设生态养猪场方向发展。

　　近年来,养猪业对环境的污染已经成为社会关注的热点问题之一。在我国很多经济发达的地区,如上海市和广东省珠江三角洲一带,地方政府对猪场的环境污染问题采取十分严厉的管理措施,想方设法减少当地猪场数量和生猪饲养量,甚至实行关、停、转、改等措施,养猪业的发展面临着严峻的考验,走可持续发展的生态养猪之路,减少猪场污染已是养猪业的必然选择。

二、规模化猪场疫病流行特点

　　目前,虽然疾病防治和研究水平在不断提高,给广大养殖户带来了极大的经济效益,也带动和促进了养猪科学的进步。但在生产实践中,猪病仍然是制约我国养猪业健康发展的重要因素,猪病不仅给养猪业生产造成巨大的经济损失,也直接关系着人类的健康。目前,我国猪只由于疾病引起的死亡率为 $8\%\sim12\%$,有些流行面广、危害严重或局部发生但潜在危害性大的疾病如口蹄疫、高致病性蓝耳病、猪瘟等每年大约导致 1 160 万头猪发病。据测算,每年我国动物发病死亡导致的直接经济损失近 400 亿元,其中口蹄疫、猪瘟、猪繁殖与呼吸综合征、猪传染性胸膜肺炎、猪链球菌病、猪流行性腹泻等导致的死亡数量占病死猪的 80% 以上。

　　由于近年来养猪业的高速发展,许多猪场从国外和国内引进大量种猪,国内商品猪调动频繁,加之引种时对疫病检测不够严格,使得老病未除,又传进新的传染病。此外,猪场病原混合感染增加,使疾病更加复杂化,猪病流行表现出许多新趋势和特点。当前猪病发生和流行的主要特点包括如下几方面。

(一)疫病种类多而复杂

以往发生的疫病继续发生,新病又不断出现。猪瘟、猪支原体肺炎、巴氏杆菌病、附红细胞体病、弓形虫病等旧病长年不断发生和流行,与此同时,不断出现新的疫病,影响较大的有猪繁殖与呼吸综合征、猪圆环病毒病、猪流感以及猪伪狂犬病。在这些新出现的疫病中,猪繁殖与呼吸综合征和圆环病毒病对猪群的危害较大。

(二)疫病出现非典型性变化

疫病主要出现两方面的变化,一是出现非典型性疫病的种类不断增多;二是非典型性疫病的病例数量增多。猪瘟、仔猪白痢、猪支原体肺炎等均出现了非典型病例,且流行广泛,发病率也在不断升高,给诊断和防治工作带来很大困难。究其原因可能是因为病原毒力发生改变,有些病原毒力出现减弱,加上猪群中免疫水平不高或不一致,导致某些猪病在流行病学特点、临床症状和病理变化等方面出现非典型变化、非典型感染和发病,使某些原有的旧病以新的面貌出现。另一方面,有些病原毒力增强,虽然动物已经进行了免疫接种,但仍然会发生免疫失败。

(三)细菌性疾病和寄生虫病的危害不断加大

随着养猪场规模的不断扩大和数量的增多,环境污染越来越严重,细菌性疫病和寄生虫病明显增多,如猪大肠杆菌病、链球菌病、葡萄球菌病、附红细胞体病等,广泛存在于养猪环境中,可通过多种途径传播。这些环境性病原微生物,已成为养猪场的常在菌和常发病。另外,某些损害免疫系统的疾病,如猪繁殖与呼吸综合征、圆环病毒病的感染,使猪的免疫功能和抵抗力下降,从而引发细菌性疾病的发生。

更为关键的原因是大量盲目使用抗菌药物,使养猪场常见细菌产生顽固的耐药性,一旦发病,诸多药物难以奏效。一些条件性致病菌也转变为致病菌,这种情况近年来日趋普遍,危害逐日加重。例如,大肠杆菌已经成为众多养殖场普遍感染的常在菌。因此,科学的饲养管理、保持环境卫生和合理用药对有效控制细菌性疾病是十分重要的。

(四)混合感染和综合征多有发生

在生产实践中,很多病例是由 2 种或 2 种以上的病原共同感染所致,并发感染、继发感染和混合感染的病例不断上升,特别是一些条件性、环境性病原微生物所致的疾病。调查研究发现,80%的发病猪都是由 2 种或 2 种以上疫病混合感染所致,且 70%以上发病猪都是以猪瘟病毒、猪繁殖与呼吸综合征病毒和圆环病毒感染为主;75%以上的猪场有细菌病伴发,细菌病以猪链球菌病、支原体肺炎、巴氏杆菌病、附红细胞体病和传染性胸膜肺炎为主。加之饲养环境、卫生状况、霉变饲料等的影响,使猪场疫病更复杂,难以控制。多种病原的混合感染给疫病的诊断和防治工作带来了很大困难,要求诊断工作必须分清主次,现场诊断要结合实验室检验才能得出准确的判断,采取有针对性的防治措施,以便及时控制疫病,减少经济损失。

(五)营养代谢疾病和中毒性疾病增多

营养代谢病与中毒病的发病率日趋增加,危害日渐严重,其中最常见的是矿物质、微量元素、维生素的缺乏,饲料、药物中毒等。在规模化养猪条件下,由于饲料搭配不当或贮存过久,营养成分丢失,常易引起维生素和微量元素缺乏症;饲料和饮水受真菌毒素、农药、化工废弃物等污染常会引起中毒性疾病;某些药物大量持久投药,如呋喃唑酮(痢特灵)、喹乙醇等也易引起蓄积性中毒。这些营养代谢疾病和中毒性疾病的发生日益突出,造成不小的经济损失,在猪病的诊断和预防中应给予足够的重视。

(六)呼吸道疾病危害严重

呼吸道疾病(即猪呼吸道综合征,PRDC)已经成为我国养猪生产中危害较为严重的疾病,规模化猪场几乎都有呼吸道疾病的发生,发病率为 40% 左右,死亡率在 10% 左右,在母猪、哺乳仔猪、肥育猪的各个阶段都普遍存在呼吸道疾病。该类疾病的预防和控制十分棘手。呼吸道疾病是由多种病原感染所致,其可分为两类,一类是原发性病原,主要有猪繁殖与呼吸综合征病毒、猪圆环病毒2型、猪肺炎支原体、猪流感病毒、猪伪狂犬病病毒、猪传染性胸膜肺炎放线杆菌等;另一类是继发性病原,主要有副猪嗜血杆菌、多杀性巴氏杆菌、猪链球菌等。

(七)免疫抑制性疾病的危害持续加重

猪繁殖与呼吸综合征、圆环病毒病和支原体肺炎三大免疫抑制性疾病对养猪业生产危害很大,目前我国猪繁殖与呼吸综合征阴性猪场屈指可数,猪支原体肺炎和圆环病毒病阴性猪场已寥寥无几。这些疫病都会导致猪群免疫功能下降和健康水平降低,使猪群对疾病的易感性增强,是近年来猪越来越难养、疫病越来越多的重要原因之一。另外,饲料中的真菌毒素中毒引起的免疫抑制也会加重疫病的发生和流行。

(八)新病不断出现

近年来我国养殖业发展迅速,与国外畜禽贸易频繁,从国外引进的种畜、种禽以及动物产品的种类和数量都有明显的增加。由于缺乏有效的监测手段和配套设施,致使一些新病如猪传染性萎缩性鼻炎、猪繁殖与呼吸综合征等多种传染病流入我国,造成了流行,经济损失严重,并且埋下了极为严重的隐患。另有一些新病是我国新发现的,这些疾病有些已在我国大范围流行,有些只在局部散发,尚未引起大范围的广泛流行,但这类疾病具有很大的潜在危险,必须引起足够的重视。

如何有效控制疾病,保障养猪业的健康发展已成为当前兽医工作者面临的巨大挑战。兽用生物制品,特别是动物疫病防治和检测诊断用生物制品和诊断制剂对保障畜牧业的健康发展乃至国计民生发挥着至关重要的作用,世界各国都十分重视兽用生物制品的开发、生产和应用。兽用生物制品质量的好坏以及如何合理使用将直接影响畜禽疫病的防治工作。

三、生物制品对猪各种疫病的防治作用

生物制品业随着免疫学理论及其相关技术的发展与突破,不断得到发展和提高。早期利用传统疫苗产品,并结合其他综合防治措施,已使某些动物传染病在一些国家消失。近年来,随着基因工程、细胞工程、发酵工程和酶工程等现代生物技术的广泛应用,大大拓宽了传统疫苗及非特异性免疫的概念。传统疫苗由单价向多价、单用灭活疫苗或活疫苗向多种或多型(价)的联合疫苗转化;全菌体疫苗向纯化亚单位疫苗和提纯浓缩高效价疫苗过渡;寄生虫疫苗也得到长足发展。同时,由于诊断、监测和检疫的需要,配套的生物制品试剂盒已在生产中广泛应用,大大提高了动物疫病的检出率。另外,灭活技术、冻干技术和实验动物标准化、实施良好生产规范也得到了发展。

生物制品对猪病的防治作用主要体现在 3 个方面,即免疫预防、疾病诊断和治疗。生物制品是防治猪群疫病的主要手段之一,也是保障人和动物健康的必要条件。

(一)免疫预防

兽用生物制品的使用是防治动物疫病的主要手段之一,也是保障动物健康的必要条件。疫苗的免疫接种是激发动物机体产生特异性抵抗力,使易感动物转化为不易感动物的一种手段。有组

织、有计划地进行免疫接种,是预防和控制畜禽传染病的重要措施之一,很多危害严重的动物传染性疾病,都是借助生物制品控制或消灭的。如猪瘟曾在世界各国普遍发生,我国每年病死猪达 1 000 万头以上。自 20 世纪 50 年代我国培育猪瘟兔化弱毒株成功以来,不仅在我国控制了猪瘟的流行,而且其他一些国家也借助该疫苗消灭了猪瘟。根据接种进行的时机不同,可将免疫接种分为预防接种和紧急接种两类。

1. 预防接种　在经常发生某些传染病的地区,或有某些传染病潜在的地区,或受到邻近地区某些传染病经常威胁的地区,为了防患于未然,在平时有计划地给健康畜群进行的免疫接种称为预防接种。

为了做到预防接种有的放矢,应对当地各种传染病的发生和流行情况进行调查了解。弄清楚过去曾经常发生哪些传染病,在什么季节流行,针对所掌握的情况,制订每年的预防接种计划。接种后经一定时间(约 3 周),可获得数月乃至 1 年的保护。目前,预防接种已经成为畜禽养殖业健康发展的重要保障。

2. 紧急接种　是在发生传染病时,为了迅速控制和扑灭疫病的流行,而对疫区和受威胁区尚未发病的畜禽进行的应急性免疫接种。

从理论上说,紧急接种使用免疫血清最为安全有效。但因为免疫血清用量大、价格高、免疫期短,且在大批畜禽接种时往往供不应求。因此,免疫血清在实践中的应用受到一定的限制。多年来的实践证明,在疫区内使用某些疫苗进行紧急接种是切实可行的。例如,在发生猪瘟、口蹄疫等一些急性传染病时,应用疫苗做紧急接种,可取得较好的效果。但有些病原体在不同流行时期,其致病力和抗原性会发生改变,可能会导致以往的疫苗免疫效果不理想,因此有必要不断研究和开发新的有效疫苗。

生物制品一方面可用于有效防治动物疫病,另一方面若使用不当,则会成为传播病原体的媒介。有些疫苗本身是很多病原微生物的优良培养基,如鸡胚尿囊液和细胞培养液等,如果这些培养液本身已经受到病原微生物的污染,那么用这些培养基制备的疫苗对使用动物来说就是传染源。不少生产事故已经给我们敲响了警钟,促使我国日益重视兽用生物制品的管理工作和质量规范。

<h3 style="text-align:center">(二)疾病诊断和免疫监测</h3>

免疫预防接种已经成为传染病防治过程中的必要措施,为使免疫接种适时、有效,必须加强免疫监测,了解畜禽群体的免疫水平和母源抗体水平,根据群体抗体水平确定适宜的免疫程序,准确及时地接种疫苗,提高免疫预防效果,避免盲目接种造成的免疫失败。

畜禽传染病侵害的对象是群体,一旦发病,能否及时做出准确的诊断是非常重要的,特别对某些流行快、致死性强的重要传染病。只有做出准确的诊断才能采取有针对性的应急措施,最大限度地降低损失。动物疫病诊断水平的高低是衡量一个国家兽医水平的标志。

检疫作为防疫的重要内容和预防、控制、扑灭畜禽疫病的重要手段,需要严格的监督和管理。此外,加强引种检疫,严禁从疫区国家和地区引入畜禽、精液和胚胎等,是有效防止外来疫病侵入的重要手段。随着免疫技术和生物技术的不断进步,很多疾病诊断试剂盒已经被研发和应用,从而使疾病的监测和诊断更加准确、快速和便捷。如猪瘟、猪伪狂犬病等酶联免疫吸附试验抗体检测试剂盒已经在很多国家普遍使用,通过监测免疫动物抗体水平,为制订免疫程序提供了科学的依据。我国研制的鸡副伤寒玻片凝集抗原、布鲁氏菌病诊断抗原、牛结核菌素等也已得到广泛使用。单克隆抗体的研制成功为很多动物疫病的诊断提供了更方便、快捷的诊断方法。

(三)疾病治疗

生物制品不仅可以用于疾病的预防和诊断,同时有些生物制品还可用于治疗动物疾病。如有些动物传染病的高免血清、痊愈血清和卵黄抗体等生物制品能帮助动物机体杀死、抑制或清除病原体的致病作用,因此成为治疗动物疫病、减少经济损失的重要手段。动物的高免血清具有特异性高、起效快的特点,通常在正确诊断的基础上,只要尽早使用高免血清,都能收到较好的疗效。

第二章　兽用生物制品的类型

兽用生物制品是指以天然或人工改造的微生物、寄生虫、生物毒素或者生物组织及其代谢产物以及动物的血液与组织液等生物材料为原料,通过生物学、分子生物学或生物化学、生物工程学等相应技术制成的,用于预防、诊断、治疗动物疫病或改变动物生产性能的生物制剂。

一、生物制品的命名原则

许多生物制品的生产厂家为了使本厂的产品容易被广大养殖户识别和记忆,给产品取的名字都非常醒目,但无论用什么样的称呼,所有生物制品都应该有一个科学通用的名称。根据中华人民共和国《兽用新生物制品管理办法》规定,生物制品的命名原则有10条,根据这些原则每种生物制品都应该有一个明确的大名,在购买生物制品时,也可以通过辨识该产品有无正规的产品名称来确定产品质量的优劣。生物制品的命名原则如下。

第一,生物制品的命名原则以明确、简练、科学为基本原则。

第二,生物制品名称不采用商品名或代号。

第三,生物制品名称一般采用"动物种名＋病名＋制品名称"的形式。

第四,人兽共患病一般可不列出动物种名,如气肿疽灭活疫苗、狂犬病灭活疫苗。

第五,由特定细菌、病毒、立克次体、螺旋体、支原体等微生物以及寄生虫制成的主动免疫制品,一律称为疫苗。例如,牛瘟活疫苗、仔猪副伤寒活疫苗。

第六,凡将特定细菌、病毒等微生物以及寄生虫毒力致弱或采用异源毒制成的疫苗,称为活疫苗;用物理或化学方法将病原微生物灭活后制成的疫苗,称灭活疫苗。

第七,同一种类而不同毒(菌、虫)株(系)制成的疫苗,可在全称后加括号注明毒(菌、虫)株(系)。例如,猪丹毒活疫苗(GC42株)、猪丹毒活疫苗(G4T10 株)。

第八,由 2 种以上的病原体制成的一种疫苗,命名采用"动物种名＋若干病名＋ ×联苗"的命名形式。例如,羊黑疫、快疫二联灭活疫苗,猪瘟、猪丹毒、猪肺疫三联活疫苗。

第九,由 2 种以上血清型制备的一种疫苗,命名采用"动物种名＋病名＋若干型名＋ ×价疫苗"的命名形式。例如,口蹄疫 O型、A 型双价活疫苗。

第十,制品的制造方法、剂型、灭活剂、佐剂一般不标明,但为区别已有的制品,可以标明。个别生物制品由于历史原因,可以用发明人的名字来命名,如卡介苗。

二、生物制品的分类

(一)按生物制品性质分类

生物制品由于微生物种类、制备方法、菌(毒)株性状以及应用对象等不同而品种繁多,按其性质、用途和制备方法等可分为疫苗、类毒素、诊断制品、抗血清、微生态制剂和副免疫制品。其中在预防动物疫病中发挥重要作用的生物制品是疫苗。

1. 疫苗 由病原微生物、寄生虫以及其组分或代谢产物所制成的、用于人工自动免疫的生物制品称为疫苗。给动物接种疫苗,可刺激动物机体产生免疫应答,抵抗特定病原微生物(或寄生虫)的感染,从而达到预防疾病的目的。

生物疫苗是一种特殊类型的药物,作为免疫学经验理论和生物技术共同发展而产生的生物制品,从防患于未然的角度消除了众多传染病对动物生命的威胁,促进了养殖业的健康发展,保证了人体健康。疫苗与一般药物有明显的不同,主要区别在于一般药物主要用于患病动物,而疫苗主要用于健康动物;一般药物主要用于治疗疾病或减轻动物的症状,而疫苗主要通过免疫机制使健康动物预防疾病;一般药物包括天然药物、化学合成药物、生化药品等不同类型,而疫苗均为生物制品。

已有的疫苗概括起来分为活疫苗、灭活疫苗、代谢产物和亚单位疫苗以及生物技术疫苗。

(1)活疫苗(也称活苗) 活疫苗有强毒疫苗、弱毒疫苗和异源疫苗3种。

①强毒疫苗 是应用最早的疫苗种类,如我国古代民间预防天花所使用的痂皮粉末就含有强毒。使用强毒对动物进行免疫存在较大的危险,免疫的过程就是散毒的过程,所以现代生产中已经严格禁止生产和使用。

②弱毒疫苗 是目前使用最广泛的疫苗。是通过人工诱变获得的弱毒株或是筛选的自然减弱的天然弱毒株或者失去毒力的无毒株,扩大培养后制成的疫苗。制作弱毒疫苗的病原微生物必须是毒力减弱而稳定的毒株,对被注射的动物不导致发病或发病较弱,不产生剧烈的不良反应,并且具有较好的免疫原性,使被注射动物在短期内产生能够抵抗该种病原微生物所引起的感染的能力,并能维持一段时间,如猪瘟兔化弱毒疫苗等。

弱毒疫苗的优点是能在动物体内有一定程度的增殖,免疫剂量小,免疫保护期长,不需要使用佐剂,应用成本低。缺点是弱毒疫苗有散毒的可能或有一定的组织反应,难以制成联苗,运输条件要求高,多制成冻干苗。

③异源疫苗 有2种,一种是用不同种微生物制备的疫苗,接种动物后能使其获得对疫苗中不含有的病原体产生抵抗力,如火鸡疱疹病毒免疫鸡后能够防治马立克氏病。另一种是用同一种中不同种型(生物型或动物源)微生物种毒制备的疫苗,接种动物后

能使其获得对异型病原体的抵抗力。如接种猪型布鲁氏菌弱毒疫苗后能使牛获得对牛型布鲁氏菌的免疫力。

(2)灭活疫苗(也称死疫苗) 是指用物理或化学的方法将细菌或病毒等病原微生物杀死,但保留其抗原性而制成的疫苗。灭活疫苗的优点是研制周期短,使用安全,易于保存和运输,容易制成联苗或多价苗;缺点是不能在动物体内繁殖,使用剂量大,免疫保护期短,通常需要加入佐剂以增强免疫效果,常需多次免疫动物且只能注射免疫。

按照菌种或毒种来源的不同,灭活疫苗又分为一般灭活疫苗和自家灭活疫苗。

①一般灭活疫苗 菌、毒种通常应该是标准强毒或免疫原性优良的弱毒株,经大量培养后,灭活制成。

②自家灭活疫苗 是从患病动物自身病灶中分离出来的病原体经培养、灭活后制成的疫苗,再用于该动物本身。这种疫苗可以用于治疗慢性、反复发作且用抗菌药物治疗无效的细菌性疾病或病毒性疾病,如顽固性葡萄球菌感染等。有些养殖场长年感染某些细菌,但因长期采用饲料中添加抗菌药物的做法,导致细菌已经产生了较强的耐药性,此时可制备自家灭活疫苗,用来有效预防该细菌引起的传染病。

灭活疫苗因为其中的病原微生物已经被杀死,因此不能在动物机体内增殖,相对活疫苗而言比较安全,不会发生全身性副作用,不会出现毒力返祖现象;可以制备成多价或多联等混合疫苗;制品性质稳定,受外界环境影响较少,便于运输保存。但这类疫苗免疫剂量比活疫苗要多,生产成本高,并且需要多次免疫(通常为 2 次,即初次免疫和加强免疫,有的甚至需要 3 次免疫)才能获得较好的免疫效果。如猪的流感病毒灭活疫苗和细小病毒灭活疫苗等。

不论活疫苗或灭活疫苗,根据微生物种类不同,又可分为细菌性疫苗和病毒性疫苗。由细菌、支原体和螺旋体制成的疫苗过去称为菌苗,而由病毒或立克次体制成的疫苗则称为疫苗。近年来,科学界普遍倾向将它们统称为疫苗。为了方便说明,我们分别称之为细菌性疫苗和病毒性疫苗。

(3)**代谢产物疫苗** 是利用细菌的代谢产物如毒素、酶等制成的疫苗。破伤风毒素、白喉毒素、肉毒毒素经甲醛灭活后制成的类毒素具有良好的免疫原性,可作为主动免疫制剂。另外,致病性大肠杆菌毒素、多杀性巴氏杆菌的攻击素和链球菌的扩散因子等都可用于制备代谢产物疫苗。

(4)**亚单位疫苗** 利用微生物的1种或几种亚单位或亚结构制成的疫苗称为微生物亚单位疫苗或亚结构疫苗。利用微生物的某些化学成分制成的疫苗又称化学疫苗。这类疫苗的优势是不携带病原微生物的遗传信息,免疫动物可使动物产生对感染微生物的免疫抵抗作用,还可以避免全微生物疫苗的一些副作用,保证了疫苗的安全性。如大肠杆菌菌毛疫苗就属于此类疫苗。亚单位疫苗的不足之处是制备困难、价格昂贵。

(5)**生物技术疫苗** 近年来由于科研技术的不断发展,生物制品的研制也在不断加快,出现了生物技术疫苗,包括基因工程疫苗、基因工程亚单位疫苗、基因工程活载体疫苗、基因缺失疫苗、合成肽疫苗、抗独特性疫苗、基因工程活疫苗以及基因疫苗(DNA疫苗)等。

①**基因工程亚单位疫苗** 是利用DNA重组技术,将编码病原微生物保护性抗原的基因导入受体菌或细胞,使其在受体菌或细胞中高效表达,分泌保护性抗原肽链,然后提取保护性抗原肽链,加入佐剂制成的疫苗。如预防仔猪和犊牛腹泻的大肠杆菌基因工程疫苗即是一个成功的例子。

②**合成肽疫苗** 是利用化学方法人工合成病原微生物的保护性多肽,并将其连接到大分子载体上,再加入佐剂制成的疫苗。合成肽疫苗的优点是可在同一载体上连接多种保护性肽链或多个血清型的保护性抗原肽链,这样只要一次免疫就可预防几种传染病或几个血清型。合成肽疫苗不含核酸,绝对安全,生产、保存和运

输都很方便。但合成肽免疫原性一般较弱,而且只能具有线性构型,同时合成肽分子小,免疫原性比完整蛋白或灭活病毒弱得多,常需交联载体(如脂质体)以及佐剂(如胞壁酰二肽),才能诱导有效的免疫应答。

③抗独特性疫苗 是免疫调节网络学说发展到新阶段的产物。抗独特性疫苗可以模拟抗原物质,刺激机体产生与抗原特异性抗体具有同等免疫效应的抗体,由此制成的疫苗称抗独特性疫苗或内影像疫苗。抗独特性疫苗不仅能诱导体液免疫,亦能诱导细胞免疫,并不受主要组织相容性复合体(MHC)的限制,而且具有广谱性,即对发生抗原性变异的病原也能提供良好的保护力。但制备技术复杂、成本高。

④基因疫苗 是将编码某种抗原蛋白的基因置于真核表达元件的控制之下,构成重组质粒 DNA,重组的 DNA 可直接注射到动物机体内,通过宿主细胞的转录翻译系统合成抗原蛋白,从而诱导宿主产生对该抗原蛋白的免疫应答,以达到预防和治疗疾病的目的。既可刺激机体产生体液免疫,也可激发机体的细胞免疫。

⑤基因缺失疫苗 利用基因工程技术切去病毒基因组编码致病物质(致病基因)的某一片段核苷酸序列,使该微生物致病力丧失,但仍保持其免疫原性和复制能力,这种基因缺失株比较稳定,不易发生返祖现象,其免疫接种与强毒感染相似,机体可对病毒的多种抗原产生免疫应答,免疫力坚实,尤其适用于局部接种,诱导产生黏膜免疫力,因而是较理想的疫苗。目前,已经有很多基因缺失疫苗研制成功,如霍乱弧菌 A 亚基基因中切除 94% 的 AI 基因的缺失变异株,获得无毒的活疫苗。另外,将某些疱疹病毒的 TK 基因切除,其毒力下降,而且不影响病毒复制及其免疫原性,成为良好的基因缺失疫苗。猪伪狂犬病基因缺失疫苗已经商品化并广泛使用。

⑥重组活载体疫苗 是应用无病原性或弱毒疫苗株病毒和细菌(如痘苗病毒、痘病毒、火鸡疱疹病毒、腺病毒、伪狂犬病毒以及

卡介苗肺炎菌和沙门氏菌弱毒疫苗等）作为载体，插入外源性保护性基因而构成，可以制成多价苗或联苗。国外已经成功研制了以腺病毒为载体的乙肝疫苗和以疱疹病毒为载体的新城疫疫苗等。

⑦非复制性疫苗　又称活死疫苗，与重组活载体疫苗类似，但载体病毒接种后只产生顿挫感染，不能完成复制过程，无排毒的隐患，同时又可表达目的抗原，产生有效的免疫保护。如用金丝猴痘病毒为载体，表达新城疫病毒 HF 基因，用于预防鸡的新城疫。

⑧转基因植物口服疫苗　将编码病原微生物有效蛋白抗原的基因与适当的能促使该基因活性的启动子一同植入植物（如番茄、黄瓜、马铃薯、烟草、香蕉等）的基因组中，使重组的外源蛋白在该植物的可食用部分稳定地表达和积累。该植物根、茎、叶和果实出现大量特异性免疫原，经食用即完成一次预防接种。将这种供食用的转基因植物，称为转基因植物口服疫苗。由于转基因植物能保留天然免疫原形式，模拟自然感染方式接种，故能有效地激发体液和细胞免疫应答。另外，转基因植物替代昂贵的重组细胞培养，避开了复杂的纯化蛋白抗原过程，可降低成本生产大量免疫原，加上该疫苗使用方便，有其独特的优势。

虽然转基因植物口服疫苗的研制已取得一定成绩，但还是处于起步阶段，离实际应用还有很大距离。但转基因植物口服疫苗有很好的发展前景，无论是病毒抗原，还是细菌抗原，肠道病原还是非肠道病原都可制成转基因植物口服疫苗，对于黏膜免疫系统作用机制的深入了解将有助于植物转基因口服疫苗的研究和应用。

（6）寄生虫疫苗　由于寄生虫大多有复杂的生活史，同时虫体抗原又极其复杂，且有高度多变性，故目前为止尚无理想的疫苗可供使用。

尽管目前有许多种生物技术疫苗，但现场中应用较多的仍然是常规的传统疫苗，即活疫苗和弱毒疫苗（活苗）2 种。

此外，按疫苗抗原种类和数量的不同，疫苗又可分为单价疫苗、多价疫苗和多联(混合)疫苗。

(7)单价疫苗 即利用1种微生物(细菌、病毒或寄生虫毒)或同种微生物的单一血清型的培养物制备的疫苗。如新城疫Ⅰ系疫苗、传染性支气管炎 H_{120} 弱毒疫苗、鸡马立克氏病疫苗等。

单价疫苗对于单一血清型微生物所致的疫病具有免疫保护作用,但如果所发生的疫病有多个血清型时,单价疫苗则只对相应的血清型有保护作用,而不能使免疫动物获得完全的免疫保护。如猪肺疫氢氧化铝灭活疫苗是由 B 血清型的多杀性巴氏杆菌强毒株灭活后制备而成,对由 A 型多杀性巴氏杆菌引起的猪肺疫则无免疫保护作用。

(8)多价疫苗 即利用同一种微生物(细菌、病毒)中若干血清型的增殖培养物制备的疫苗。多价疫苗能使免疫动物获得完全的保护力,且可在不同地区使用。如口蹄疫 A 型、O 型鼠化弱毒疫苗可以用于预防口蹄疫 A 型血清型流行的地区,也同样可以用于 O 型血清型流行的地区。

(9)混合疫苗 也称多联疫苗,是利用2种或2种以上的不同微生物培养物,按照免疫学原理、方法组合制备而成的疫苗。接种动物后,能产生对相应疾病的免疫保护作用,从而具有减少接种次数、免疫效果确实等优点,是一针预防多种疾病的生物制剂,使用方便。联苗根据组合的微生物多少,分为二联疫苗和三联疫苗,如猪瘟、猪丹毒、猪肺疫三联活疫苗以及猪传染性胃肠炎与流行性腹泻二联活疫苗、猪传染性胃肠炎与轮状病毒二联活疫苗等。

将多种疫苗联合使用,既能简化免疫程序,又能节约人力、物力,减少接种次数和免疫反应。细菌性疫苗、病毒性疫苗、类毒素之间都可以进行联合,如猪瘟、猪丹毒、猪巴氏杆菌病三联活疫苗等。但联合疫苗的主要问题是有时存在免疫干扰,当混合抗原比例适当时它们之间可以相互增强,即产生佐剂效应;而当抗原配比不适当时,可能发生免疫干扰,强者抑制弱者。另外,接受联合免疫的动物如果对制剂中某一抗原已具有相当的免疫力,在联合免疫时该抗原的免疫应答可能干扰其他抗原的免疫应答。因此,使用联合疫苗免疫时需考虑抗原的混合比例、免疫方法和机体的免疫状态等多方面因素。

在生产实践中,针对市场上名目繁多的疫苗,如何选择适合本养殖场的疫苗还要考虑众多因素,包括该病是当地第一次流行还是以往已经发生过,是多种疾病混合感染还是单一感染,动物的健康状况如何,养殖场的环境卫生和技术手段如何等,以做出综合评价。

活疫苗可以在免疫动物体内繁殖,能持续不断地刺激动物机体,产生系统免疫反应和局部免疫反应;免疫力持久,通常注射一次就能获得足够的免疫力,有利于清除野毒;制备时产量高,生产成本低。但活疫苗也同样存在缺点,这类疫苗在自然界动物群体内可持续传递,可能会出现毒力返强的危险。如有些活疫苗经多年的连续使用,弱毒株可能随着在易感动物体内的连续传代,导致细菌(病毒)株毒力增强,变成强毒株,这时再给动物接种该疫苗,不但不能起到免疫预防的作用,反而导致动物疫病直接传播。此外,也有散毒的危险。

如果某一地区从未发生过该病,若想给动物接种疫苗,则不应选择弱毒疫苗,如果选择弱毒疫苗,那么动物体内存留的弱毒有可能随着动物的分泌物和排泄物排到外界,造成原本无此种疫病的地区也遭到污染。因此,最好选择灭活疫苗,没有散毒的危险,相对较为安全。弱毒疫苗的抗原可在动物体内繁殖,因此会出现不同抗原的干扰现象,在给动物接种多个弱毒疫苗时,最好不要同时接种,应错开一段时间,尽量减少不同疫苗之间的干扰,以获得良好的免疫效果。弱毒疫苗因为抗原物质是活的病原微生物,因此要求在低温、冷暗条件下运输和贮存,如果温度过高,则会导致病原微生物数量减少,免疫动物时不能引发足够强的免疫应答,可能导致免疫失败。

单价疫苗与多价疫苗也是各有优缺点,单价疫苗成分单一,不会出现干扰现象,且免疫剂量容易保证,免疫效果较为确实。多价疫苗(联合疫苗)的优点是一针可以预防多种疾病,可简化免疫程序,减少因免疫接种造成的动物应激。但如果抗原配比不适当,则会出现多种抗原互相干扰的情况,从而影响免疫接种的效果,且很难确保每种抗原的免疫接种剂量。因此,在某种疫病正在流行的地区或受威胁区进行免疫时,应首先考虑单价疫苗,以期获得确实的免疫效果。

2. 抗血清 也称免疫血清、高免血清或抗病血清,是一种含有高效价特异性抗体的动物血清,用于治疗或紧急预防相应病原体所致的疾病,故又称为被动免疫制品。通常使用某种疫苗或病原微生物对动物进行反复多次注射,会使动物不断产生免疫应答,在血清中含有大量对应的特异性抗体,采集被接种动物的血液提取血清,经过特殊处理就制成了抗血清,如抗猪瘟血清。给感染某种传染病的畜群注射该病抗血清,可以立即发挥抗病作用。但此种免疫持续期较短,因此在注射抗血清之后3～4周,应再接种相应疫苗,以保证免疫效果。

在生产上,有同源动物抗血清和异源动物抗血清的分别,但为了增加产量、降低生产成本,多会选择马属动物来生产各种抗血清。该类制剂治疗或预防某些相应的疾病,具有很高的特异性,也用作被动免疫、紧急预防和治疗相应的传染病。

根据制备抗血清所用抗原物质的不同可分为抗菌血清、抗病毒血清和抗毒素血清3种。

(1)抗菌血清 用细菌免疫异源动物所取得的血清,如抗炭疽血清。

(2)抗病毒血清 用病毒免疫异源动物所取得的血清,如抗猪瘟血清。

(3)抗毒素血清 用细菌类毒素或毒素免疫异源动物所取得的血清,如破伤风抗毒素。

根据制备抗血清所用动物的不同分为同源抗血清和异源抗血清。用同种动物生产的血清称为同源抗血清,用异种动物生产的血清称为异源抗血清。

制备抗菌和抗毒素血清多用异种动物,通常用马、牛等大动物制备。抗病毒血清的制备多采用同种动物,如抗猪瘟血清多用猪制备。总体而言,制备抗血清用马较多,因为马的血清渗出率较高,外观颜色较好。为避免接种抗血清的动物发生过敏反应或血清病,可使用多种动物制备一种抗血清。

3. 诊断制品 是指用于诊断疾病、群体检疫、监测免疫状态和鉴定病原微生物等的一类生物制剂,包括两大类,一类为诊断抗原,另一类为诊断抗体(血清)。

诊断抗原又分为变态反应性抗原和血清反应性抗原。变态反应性抗原如检查结核感染的结核菌素。血清反应抗原占诊断制品的绝大多数,如布鲁氏菌病补体结合反应抗原、炭疽沉淀反应抗原等。

诊断抗体是利用体外抗原抗体反应来诊断疾病或鉴别微生物的生物制剂。一般是用抗原免疫羊、兔或其他动物制成。目前,我国兽医工作者常用的有炭疽沉淀素血清、魏氏梭菌血清、大肠杆菌和沙门氏菌的因子血清等。随着免疫化学和实验技术的发展,标记抗体、酶标抗体、单克隆抗体等新产品不断被研制出来,这些生物制品的使用大大提高了动物疾病诊断的正确率。随着现代科学技术的发展,人们将会研制出更多方便、快捷、敏感的诊断试剂,提高动物疾病的检出率。目前市面上有很多猪病诊断试剂盒,如猪瘟诊断试剂盒、猪伪狂犬病诊断试剂盒、猪繁殖与呼吸综合征诊断试剂盒、猪细小病毒病诊断试剂盒、猪圆环病毒病诊断试剂盒以及猪弓形虫病、猪支原体肺炎、口蹄疫诊断试剂盒等。但许多试剂盒的使用还需专业人士才能进行操作,检测样品要求是血清,这就需要一定的专业知识和技术。希望随着技术的不断发展,很多动物疾病也能研制出各种试纸条,使操作简单,结果迅速、准确。

诊断制品大体可分为下列几类:①凝集试验用抗原与阴性、阳性血清。②补体结合试验用抗原与阴性、阳性血清。③沉淀试验用抗原与阴性、阳性血清。④琼脂扩散试验用抗原与阴性、阳性血清。⑤标记抗原与标记抗体,如荧光素标记以及相应的试剂盒。⑥定型血清和因子血清。⑦溶血素以及补体、致敏血细胞。⑧分子诊断试剂盒。

4. 微生态制剂　是一种新型活菌制剂,是由动物体内正常菌群微生物所制成的生物制品,也称生态制剂或生态疫苗。动物机体的消化道、呼吸道和泌尿生殖道等处均具有正常菌群,如双歧杆菌属、乳酸杆菌属等多种菌群。这些正常菌群是动物机体的非特异性天然免疫力,是动物机体抵抗病原微生物的重要屏障。正常动物机体的菌群数量和种类处于一种动态的平衡,使动物具有一定的抵抗力,但如果长期使用抗菌药物,可能导致正常菌群失调,其他致病菌乘机大量生长繁殖,引发菌群失调症(也称二重感染)。应用微生态制剂调节畜禽机体正常菌群,从而有利于畜禽健康的事实已经得到充分证实,特别是在防治多种动物的胃肠道疾病方面,解决了临床上一些抗菌药物达不到治疗目的的难题。微生态制剂作为饲料添加剂对畜禽可起到保健和促进生长的作用。

微生态制剂常使用1株或几株细菌制成不同的剂型,用于直接口服、拌料或溶于水中;或局部用于上呼吸道、尿道和生殖道;或对雏鸡进行喷雾使用。我国目前多用粉剂、片剂和菌悬液,直接口服或混于饲料中投喂。

有些微生态制剂含有蜡样芽孢杆菌和枯草芽孢杆菌等需氧芽孢杆菌,这些菌不是正常菌群的主要成员,在肠道内不能长期定植,但当肠道内有过量的氧气,pH值上升,氧化还原电势偏高时,这些需氧菌容易生长。生长结果是使该部位的氧迅速消耗,从而有利于双歧杆菌和乳酸菌等有益菌的生长繁殖。

我国已经批准用于微生态制剂生产的细菌种类有需氧芽孢杆菌、乳杆菌、双歧杆菌、拟杆菌,此外还有其他一些菌种,如优杆菌、酵母真菌、黑曲霉、米曲霉、噬菌蛭弧菌等也可用于制备微生态制剂。

5. 类毒素　又称脱毒毒素。许多致病性细菌产生毒性物质，统称为细菌毒素。细菌毒素可分为外毒素和内毒素两类。外毒素是细菌在生长过程中分泌到菌体外的毒性物质。产生外毒素的细菌主要是革兰氏阳性细菌，少数革兰氏阴性细菌也能产生。外毒素的毒性极强，对组织的毒性有高度的选择性，引起特征性的病变和临床症状。外毒素属蛋白质，容易被热、酸和消化酶灭活，细菌外毒素经甲醛灭活成为类毒素。由于类毒素仍保持毒素的抗原性，能引起抗毒素的产生，故可用于人工免疫。动物接种类毒素后能产生自动免疫，如破伤风类毒素。加入适量磷酸铝或氢氧化铝等吸附剂的类毒素称为吸附精制类毒素。精致类毒素注射入动物体后，能延缓机体的吸收，长时间地刺激机体产生免疫反应，能够增强免疫效果，如明矾沉降破伤风类毒素。类毒素主用于免疫预防产生毒素的细菌性疫病。

6. 副免疫制品　人们把由免疫增强剂刺激动物机体产生特异性和非特异性免疫后提高的免疫力称为副免疫，把这类增强剂统称为副免疫制品。该类制剂是通过刺激动物机体，提高特异性和非特异性免疫力的免疫制品，可使动物机体对其他抗原物质的特异性免疫力更强、更持久，如油乳剂、脂质体、无机化合物、脂多糖、多糖、免疫刺激复合物、缓释微球、细胞因子、重组细菌毒素（如霍乱菌毒素和大肠杆菌 LT 毒素等）以及 CpG 寡核苷酸等。

现代免疫学研究指出，动物体的免疫系统是整体协调作用，无论特异性免疫和非特异性免疫，淋巴因子和淋巴细胞，还是细胞免疫和体液免疫，都是依靠互相作用才能产生动物抵抗疾病的免疫力，任何偏废都能导致不良后果。长期以来，人们在动物传染病的防治过程中真正体会到了疫苗接种带来的好处，却忽视了动物体的非特异性免疫。随着免疫学研究的不断深入，人们开始重新考虑非特异性免疫的作用。

免疫学把没有特异性作用于特定病原微生物的机体防卫组织、细胞、体液和小分子活性物质所构成的免疫力，称为非特异性免疫。

然而,在现代免疫学中许多非特异性免疫成分参与了特异性免疫反应,而特异性免疫通常是靠非特异性免疫作用来实现。大量科学研究发现,特异性免疫可以通过提高非特异性免疫而增强。

(二)按生物制品制造方法和物理性状分类

1.普通生物制品 指使用一般生产方法制备的、未经浓缩或纯化处理,或者仅按毒(效)价标准稀释的制品。如无毒炭疽芽孢苗、猪瘟兔化弱毒疫苗等。

2.精制生物制品 将普通制品(原制品)经物理或化学方法除去无效成分,进行浓缩和提纯处理制成的制品,其毒(效)价均高于普通制品,从而其效力更好。如精制破伤风类毒素和精制结核菌素。

3.液状制品 与干燥制品相对而言的湿性生物制品。一些灭活疫苗、诊断制品(抗原、血清、溶菌素、血清补体等)为液状制品。液状制品多数既不耐高温和日晒,又不宜低温冻结或反复冻融,否则其效价会受到影响,故只能在低温、冷暗处保存。

4.干燥制品 生物制品经冷冻真空干燥后能长时间保持活性和抗原效价,无论活疫苗、抗原、血清、补体、酶制剂和激素制剂均如此。将液体制品根据其性质加入适当冻干保护剂或稳定剂,经冷冻真空干燥处理,将96%以上的水分除去后剩下的疏松、多孔、呈海绵状的物质,即为干燥制品。冻干制品应在8℃以下运输。有些菌体生物制品经干燥处理后可制成粉状物,成为干粉制剂,有利于运输、保存,并可根据具体情况配制成混合制剂,使用方便。

5.佐剂制品 为了增强疫苗制剂诱导动物机体的免疫应答水平,以提高免疫效果,往往在疫苗的制备过程中加入适当的佐剂(也称免疫增强剂或免疫佐剂),制成的生物制剂即为佐剂制品。通常加入免疫佐剂的制品多数为灭活疫苗,加入佐剂后,会使灭活疫苗的免疫效果明显增强,延长了灭活疫苗的免疫保护期。免疫佐剂的种类很多,较为常用的佐剂为氢氧化铝胶,制成的疫苗称为氢氧化铝胶疫苗,如猪丹毒氢氧化铝胶灭活疫苗。其次为油佐剂,制成的疫苗称为油乳剂疫苗,如鸡新城疫油乳剂灭活疫苗。合格的油乳剂疫苗应为均匀的透明液体,如果疫苗出现分层现象,则说明疫苗的品质有问题,或已经老化,这样的疫苗不能使用。除了氢氧化铝胶和油佐剂,还有很多化学物质以及生物学物质都可以作为佐剂使用。微生物用作佐剂的有结核杆菌、布鲁氏菌、短小棒状杆菌、百日咳杆菌、沙门氏菌、李氏杆菌、乳杆菌、双歧杆菌、链球菌等。微生物组分用作佐剂的有分枝杆菌细胞壁提取的胞壁酰二肽、乳酸菌和粪链球菌提取的细胞壁肽聚糖、革兰氏阴性菌提取的脂多糖、酵母菌提取的酵母多糖、香菇提取的香菇多糖以及蜂胶等。

各种佐剂的作用机制不尽相同,但概括起来有如下几方面:一是对抗原的作用,增加抗原分子的表面积,提高抗原物质的免疫原性,延长抗原在体内的存留时间。抗原与某些佐剂混合后形成凝胶状,可延长抗原在体内的储存时间,增加抗原与机体免疫系统接触的广泛程度,因而明显提高抗原物质的免疫原性;二是对机体的作用,佐剂能引起细胞浸润,出现巨噬细胞、淋巴细胞和浆细胞聚集,促进这些细胞增殖,发挥更大的作用。一些佐剂的主要作用对象是 T 细胞,通过 T 细胞的介导,增强各种免疫功能。某些佐剂可以直接作用于 B 细胞,但绝大多数佐剂物质所引起的 B 细胞应答是在作用于巨噬细胞和 T 细胞之后。一些佐剂为碱性并含有较长的烃链,这些佐剂具有表面活性,作用于细胞膜,可使细胞膜通透性增强,进而使溶酶体不稳定,从而释放出内含的水解酶类。细胞还释放出核酸和多核苷酸,这些物质均具有佐剂活性。

第三章　猪常用疫苗的合理使用

近年来,我国集约化猪场数量不断增多,极大地推动了我国畜牧业的发展,但由于养殖条件、养殖水平的不同,对猪场主要疫病进行防治的情况也有很大差别。有的猪场通过疫苗的免疫接种可以很好地预防疫病,而有的猪场虽然同样进行了免疫接种,却达不到预期的免疫效果,反而为疾病的发生提供了温床,导致疫病流行。因此,如何科学地使用猪用疫苗是生产中迫切需要解决的问题。

猪用疫苗具有其特殊性,在使用时必须熟悉疫苗的特性,选择时要因地制宜,操作时要准确无误,为了获得满意的预防效果,还要从以下几个方面加以注意。

一、疫苗选购的总体要求

目前,市场上猪用疫苗种类繁多,即使同一种类疫苗也有多个厂家和品牌。养殖户在有更多选择机会的同时,也增加了选择合适疫苗的难度。因此,为了保证选购到合适的疫苗,有效地预防和治疗猪传染病,各饲养场应在有经验的兽医工作者的指导下选购疫苗,同时也要注意以下几方面问题。

第一,要根据本地区或本场疫病的流行情况,拟定出所需疫苗的种类,如果购买疫苗,则应选择疫苗菌(毒)株血清型与本地区流行的血清型一致,同时根据猪场的规模订购疫苗的数量,如口蹄疫病毒分为 7 个主型和近 70 个亚型,各个主型之间交互免疫性较差,甚至同一主型的不同亚型也不能完全交叉免疫。因此,应根据当地疫病的流行情况选择相应血清型的疫苗。

第二,用于预防国家强制免疫的传染病的疫苗均由各地动物防疫站统一发售。因此，一定要到指定的动物防疫站购买正规生物制品厂家生产的疫苗。进口疫苗都会有指定的代理商，应到正规的代售点购买。只有这样，才能保证买到货真价实的产品，而且在使用过程中一旦出现问题，也会有保障。

目前，我国明确规定，口蹄疫、猪瘟和高致病性猪蓝耳病疫苗出厂时必须粘贴中国兽医兽药监察所统一印制的专用防伪标签，广大用户在购买上述疫苗时一定要认准标志。中国兽药质量监督标志为直径 13 毫米或 10 毫米的圆形图案。标志圆环的上端为黑体中文"中国兽药质量监督"字样，下端为黑体英文"CHINA ANIMAL DRUGS QUALITY CONTROL"，中英文之间由两颗五角星隔开；圆环内由盾牌、蛇杖、天平和中国地图组成（图1）。

图1 中国兽药质量监督标志

第三，购买疫苗时一定要注意检查疫苗的外包装，要选择包装规范、品名表示清晰、标签上有通俗易懂的完整说明，并配有使用说明书的疫苗。若为进口疫苗，则应配有中、英文两种说明书。兽用生物制品的说明书必须注明一些信息，包括兽用标志、制品名称、主要成分及含量、性状、接种对象、用法与用量（冻干疫苗必须标明稀释方法）、注意事项（包括不良反应与急救措施）、有效期、规格、包装、贮藏、废弃包装处理措施、批准文号、企业信息。

第四，检查所购疫苗有无生产批准文号，正规产品在疫苗的包装上必须有农业部审批的批准文号。如果为进口疫苗，应有农业部发给的进口生物制品的许可证证号。没有生产批准文号的产品一定不能购买。同时，一定要注意疫苗有效期的长短，看是否已经过了有效期;包装瓶是否完整,若有裂纹、封口密闭不严,瓶内有异物、凝块、冻结或沉淀等情况时,一定不能购买;免疫所用疫苗必须是取得农业部批准文号的产品,要严格按照疫苗要求的条件贮存和运输。

兽药生产批准文号是农业部根据兽药国家标准、兽药生产工艺和企业生产条件,经专家验收和评审合格发给生产企业的批准证明文件。

兽药产品批准文号的编制格式为:兽药类别简称+年号+企业所在地省份(自治区、直辖市)序号+企业序号+兽药品种编号。

要首先选择GMP(良好生产管理规范)厂家生产且有批准文号的疫苗,有批准文号的生物制品有严格的生产规范(规程)和质量控制标准。在使用"中试产品"时,要首先索取中试批号,并按规定申报,待批准后购入。同时,应谨慎注意生产厂家和中试文号,并与生产厂家签订责任事故赔偿协议。只有动物疫病非常严重且又没有其他品种生物制品可以选择时才能使用,否则优先选用GMP厂家生产的有批准文号的生物制品。若选择的生物制品为进口产品,则应具有进口生物制品的批准文号。这样的产品都是通过了国家的质量检测,具有比较成熟的生产技术和工艺,质量比较稳定,免疫效果有保障,用户的经济利益能得到保证。

中华人民共和国农业部下属的中国兽药信息网的网页上有兽药数据库,其中有关于GMP证书查询的项目,可以通过这个信息平台查询所有具有GMP资质的兽药生产企业。另外,也有企业生产许可证的查询项目。通过这些信息,为广大养殖户选择优质疫苗提供了有用的信息平台。

第五,不要购买假冒伪劣产品。目前兽用疫苗市场比较混乱,由于生产疫苗利润较高,导致市场上出现了很多劣质产品,在购买疫苗时一定要注意辨别。现在一些大的生产厂家生产的疫苗都有防伪标志,购买时一定要按照厂家的说明,认清防伪标志。

二、疫苗的性状以及保存、运输方法

（一）疫苗的性状

疫苗一般有冻干粉和液体 2 种。冻干疫苗是经过低温冷冻真空干燥后制成的，可以长期保持生物学活性和抗原效价。弱毒疫苗均为低温冷冻真空干燥制品，其物理性状为疏松的海绵状物，呈白色或微黄色、微红色，易溶于水。

多数灭活疫苗为液状，如猪肺疫氢氧化铝灭活疫苗、猪瘟兔化弱毒组织湿苗等，多数呈淡黄色、微红色或乳白色液体，半透明或不透明，有的分层，下部有沉淀。

（二）疫苗的保存

根据疫苗的不同特性，在保存方面需要特定的条件，要严格按照疫苗说明书上的规定要求保存。我国各生物制品厂生产的各类冻干疫苗，其用于保护有效免疫成分的保护剂或佐剂，都不能在 0℃ 以上发挥有效作用，因此必须在低温条件下才能很好地保护冻干疫苗的免疫原性，故要求贮存和运输冻干疫苗的过程中，必须人为制造出一个适合或适应冻干疫苗自身条件的小环境，以确保疫苗的有效免疫原性，这一点是确保冻干疫苗在由生产厂家到用户手中的过程中，冻干疫苗效果没有任何损失的首要条件。如果这一环节疫苗保存的必要条件未能满足，那么到消费者手中的疫苗免疫效果已经不是出厂时的判定指标，可能已经下降很多。

疫苗厂应设置相应的冷库，防疫部门也应根据条件设置冷库、低温冷柜或冰箱、冷藏箱。冷冻真空干燥的疫苗，多数要求贮藏于 -15℃ 以下，温度越低，保存的时间越长。如猪瘟兔化弱毒冻干疫苗，在 -15℃ 条件下可保存 12 个月以上，在 0℃～8℃ 条件下只能保存 6 个月，若放在 25℃ 左右条件下，最多 10 天即失去效力。

大量生产实践证实,一些冻干苗在 27℃ 条件下保存 1 周后有 20% 不合格,保存 2 周后有 60% 效力不合格。但也有特殊情况。如布鲁氏菌猪型二号苗要求在 0℃~8℃ 保存。大多数活的湿苗,只能现制现用,在 0℃~8℃ 条件下尽可能缩短保存时间。

疫苗使用单位必须设置必要的冷藏设备,疫苗运达后要认真核对和登记品名、批号、规格、数量、失效期等,并立即清点入库,按不同品种、批号分别贮放到规定的条件下保存。如果发现包装不合格、货单不符、批号不清以及质量异常等现象时,应及时与发货单位取得联系。疫苗要设专人保管,建立兽用疫苗保管记录,要经常检查冷藏设备的运转情况,以防冷藏设备不制冷导致疫苗失效。使用单位还应注意疫苗的使用效果,如使用时发现问题,应保留样品,尽快与相关疫苗厂家取得联系。

冻干疫苗应按说明书中的保存规定进行,一般需要低温保存(-15℃),在 -15℃ 条件下保存不超过 24 个月。

未经真空冷冻干燥的活疫苗(也称湿苗)要保存于 2℃~8℃ 的冰箱中,严防冻结。活疫苗的保存切忌反复冻融,尤其是湿苗,每冻融 1 次效价就会损失 50% 左右。

灭活疫苗一般要求在 2℃~8℃ 条件下保存,不能冻存。油乳剂灭活疫苗应保存在 2℃~8℃ 的阴暗处,严防冻结,否则会出现破乳或凝集块,影响免疫效果。

(三)疫苗的运输方法

由于疫苗对保存温度要求比较严格,因此运送兽用疫苗应采用最快的运输方法,尽量缩短运输时间。在运输过程中,不论使用何种运输工具都应注意防止高温、暴晒和冻融。运送时,疫苗要逐瓶包装,衬以厚纸或软草后装箱。弱毒疫苗要注意加冰低温运输,可将疫苗装入盛有冰块的保温瓶或保温箱内运送,若长途运输则需使用冷藏车。

夏季运输时要特别注意降温措施,防止温度过高而使疫苗失效。在冬季尤其是北方寒冷地区要避免液体疫苗冻结,尤其要避免由于温度高低不定引起的反复冻结和融化。切忌把疫苗放在衣袋内,以免由于体温较高而降低疫苗的免疫效果。大批量运输的疫苗应放在冷藏箱内,有冷藏车则最好用冷藏车运输,要在尽可能短的时间内将疫苗送达目的地。

在实际工作中,疫苗的运输很难达到要求的温度,因此应尽量用最快的速度运达目的地,缩短运输时间,减少因运输原因造成的疫苗效力降低。

三、疫苗的稀释方法和使用剂量

(一)疫苗的稀释方法

疫苗稀释液的质量对疫苗免疫效果影响很大,不同接种方法所用的稀释液也不同,应根据疫苗生产单位推荐的方法选择稀释液。有的疫苗生产厂家提供稀释液,部分疫苗的稀释液还具有免疫增强剂的功能。用于注射的活疫苗,一般配备专用稀释液。若无专用稀释液,注射免疫时最好使用灭菌生理盐水稀释。用于饮水免疫的疫苗稀释液可选用蒸馏水或去离子水,也可用洁净的深井水,但不能用自来水,因为自来水中的消毒剂会杀死疫苗中的细菌或病毒。用于气雾免疫的疫苗应选用蒸馏水或去离子水作为稀释液,如果稀释液中含有盐,雾滴喷出后,由于水分蒸发,导致盐类浓度升高,会使疫苗失效。如猪瘟疫苗需用灭菌生理盐水稀释,仔猪副伤寒菌苗需用氢氧化铝胶水稀释等。如果能在饮水免疫或气雾免疫的稀释液中加入 0.1% 脱脂奶粉,将会保护疫苗的活性。

在稀释疫苗时,因为冻干疫苗的瓶内是真空的,打开瓶塞时瓶内压力突然增大,可能会使部分病毒(或细菌)死亡,也会造成瓶内物质溅出,为避免这一现象发生,应用注射器吸入少量稀释液注入疫苗瓶中,充分振摇、溶解后,再加入其余稀释液,待瓶内疫苗溶解后再打开瓶塞。如果疫苗瓶太小，不能装入全部的稀释液，可把疫苗吸出放在另一个容器内，再用稀释液冲洗疫苗瓶几次，使全部疫苗所含病毒（或细菌）都被冲洗下来。吸取和稀释疫苗时，必须充分摇匀，被稀释后的液体应呈均匀一致的悬浮液。

稀释疫苗应指定专人负责，特别是注射多种疫苗时更要注意，以防搞错。稀释时要注意检查疫苗的质量，如发现包装瓶破损、失去真空或已干缩、变色等的疫苗应剔出并妥善处理。稀释时要防止污染，注意消毒。一定要现用现稀释，疫苗稀释后以在 1～2 小时内用完为宜。同时，稀释好的疫苗应放在阴凉处或保温箱中，避开阳光和热源。

（二）疫苗的使用剂量

正确的免疫接种剂量是保证免疫效果的重要因素之一，疫苗的接种剂量应严格根据猪体大小和说明书要求确定相应的剂量。一般说明书的推荐剂量就足以产生较高的免疫力，不必擅自增加或减少接种剂量。

免疫接种疫苗剂量的大小对机体刺激的反应程度和对机体产生抗体的水平有明显影响。在一定范围内，随着接种剂量的增加，免疫反应性也提高。适当的剂量能刺激机体产生最大的抗体水平，次适当的剂量产生较低的抗体水平。若免疫剂量过小，抗原量不足，则不能充分诱导猪体免疫力的产生，不能有效地抑制病原体的繁殖，难以达到防疫的要求。

然而免疫剂量过大不仅造成疫苗的浪费，有时还可能带来一些不良后果。剂量过大会造成变态反应和免疫麻痹，尤其是一些弱毒疫苗，有的还存在一定的毒力，如猪肺疫、猪链球菌、猪丹毒等弱毒疫苗，按规定剂量使用是安全的，确实需要加大接种剂量时，要在当地兽医指导下使用。超剂量使用往往引起猪呼吸促迫、心跳加快、神经兴奋、流涎、流泪等变态反应。如不及时抢救，2～5分钟即可死亡。有的防疫人员在注射时，往往不对猪只进行保定，没有将疫苗注射到说明书要求的部位,有的采取"飞针"的方法,把本应皮下注射的疫苗注射到肌肉中,或将应肌内注射的注射到皮下或皮内,或将应滴鼻、滴眼的疫苗通过饮水使用,这在很大程度上影响了疫苗的接种剂量和接种部位的准确性,不能收到预期的免疫效果。

四、疫苗的接种次数和间隔时间

若同一猪群要用疫苗预防多种疾病,最好能使用多联疫苗,如果没有联合疫苗可供选择,则只能用一种疫苗预防一种疾病,此时一定要注意不同种疫苗不能同时注射同一猪群,要有一定的间隔时间,两次接种的时间间隔多久合适,要具体视疫苗的种类、性质不同,经过充分的试验来确定。

此外,某些种类的猪用疫苗1次预防接种不能达到预期的免疫效果,需要进行多次免疫接种。一般而言,灭活疫苗多次接种的间隔时间以2~3周为宜,而活疫苗在规定的免疫持续期内,不必进行2次或2次以上的免疫接种,但仔猪除外。

五、疫苗的接种方法

疫苗的接种方法应以能使机体获得最好的免疫效果为根据。主要考虑两个方面,一是病原体的侵入门户及定位,这种接种方法符合自然感染的情况,不仅全身的体液免疫系统和细胞免疫系统可以发挥防病作用,同时局部免疫也可尽早地发挥免疫效应;二是要考虑制品的种类与特点,不同的猪预防用生物制品要求不同的接种方法。

一般来说,引起机体全身广泛性损伤的疫病的免疫接种,多采用皮下或肌内注射的方法,以提高血清中的抗体水平,提高机体的抗感染能力。有的病原微生物侵入机体后,是在侵入部位引起局部组织损害,机体对这些抗原的免疫应答是以产生局部抗感染的抗体为主,此时采用气雾免疫效果较好。在给猪只免疫接种时,一定要按说明书的要求,采取合理的免疫方法,接种部位准确,才能获得有效的免疫效果。

(一)肌内注射接种法

肌内注射应选择肌肉丰满、血管少、远离神经干的部位。猪的肌内注射接种部位多在颈部、耳后和臀部。局部剪毛消毒后,先以左手固定注射部位皮肤,右手拇指和食指捏住针头基部,中指固定针的深度,用力将针头垂直迅速刺入肌肉内,然后改用左手固定针头,右手持注射器,轻轻回抽活塞检查有无回血现象,如刺入正确,随即推进活塞,注入疫苗。注射时注意针头要足够长,以保证疫苗确实注入肌肉里。

肌内注射接种的优点是药液吸收快,方法较简便易行。缺点是注射量不能大,有些疫苗会损伤肌肉组织,如果注射部位不当,可能引起跛行。

(二)皮下注射接种法

皮下注射接种是目前使用最多的一种方法,大多数疫苗都是经这一途径免疫。皮下组织吸收比较缓慢而均匀,疫苗注入皮下组织后,经毛细血管吸收进入血流,通过血液循环到达淋巴组织,从而产生免疫反应。凡引起全身性广泛损害的疾病,以皮下注射途径免疫为好。皮下接种应选择皮薄、被毛少、皮肤松弛、皮下血管少的部位进行,猪一般在耳根后方或股内侧。局部剪毛消毒后,以左手的拇指和中指捏起皮肤,食指压其顶点,使其成三角形凹窝,右手持注射器,针头垂直于凹窝中心,迅速刺入,深约 2 厘米,右手继续固定注射器,左手放开皮肤,检查针头正确刺入皮下后,轻轻抽动活塞不见回血时,推动活塞注入疫苗。

皮下注射接种的优点是免疫确实、效果佳、吸收较皮内注射法快;缺点是用药量较大,副作用也比皮内注射法稍大,注意凡是对组织刺激性强的药物不可用于皮下注射,如油类疫苗不宜皮下注射。

(三)皮内注射接种法

皮内注射接种适用于某些诊断液,应选择皮肤致密、被毛少的部位,猪多在耳后或耳外侧。局部剪毛消毒后,以左手捏起皮肤呈皱褶状,右手持注射器,针头与皮肤呈 30°角刺入皮内,缓慢注入药液(一般不能超过 0.5 毫升),推药时感到费力,同时可见到针刺部隆起一个丘疹。注射完毕,拔出针头,用酒精棉轻轻压迫针孔,以免药液外溢。

皮内注射接种的优点是使用药液少,注射局部副作用小,产生的免疫力比相同剂量的皮下注射接种为高;缺点是操作人员需要有一定的技术与经验。

以上 3 种免疫接种方法都需要捕捉猪只,占用较多的人力,同时对猪机体会产生较大的应激作用,对生产力有一定的影响。

(四)口服接种法

有些病原体常在入侵部位造成损害,免疫机制以局部抗体为主,如呼吸道疾病常以呼吸道局部免疫为主,而消化道传染病可用经口免疫途径模拟病原微生物的侵入途径进行免疫。过去曾认为经口免疫抗原在消化道会遭到破坏而使免疫失败。近年来的研究表明,皮下、黏膜下众多淋巴样组织是机体组织免疫力的重要组成部分。胃肠道黏膜下淋巴样组织丰富,可以接受抗原刺激而形成局部免疫。但抗原在到达肠道的过程中,确实会受到一定程度的破坏,所以疫苗口服时,必须注意以下若干问题。

第一,口服免疫适用于大型猪群,此法省时省力,简单方便,对猪的应激较小。

第二,采用口服免疫的疫苗必须是活疫苗,灭活疫苗免疫力差,不适于口服。

第三,加大疫苗的使用剂量,一般认为口服疫苗的用量应为注射量的 5～10 倍,其目的是保证猪只摄入足够量的抗原。

第四,免疫前应根据当地的季节、饲料等情况停止饮水 2～4 小时,以保证每只猪尽可能食入足够剂量的疫苗。口服后 1～2 小时再恢复正常供水。

第五,饮水或拌料口服均可时,饮水效果要优于拌料,因为饮水并非只进入消化道,还要与口腔黏膜、扁桃体等接触,而这些部位有丰富的淋巴样组织。口服接种时,饲料和饮水温度要适当(一般要求在 15℃～25℃),酸碱度应适中。同时,还应考虑水和饲料中的某些物质可能会影响疫苗的质量,如饮水中不能含有氯、锌、铜、铁等对疫苗有影响的离子。饮水免疫时,饮水器要洁净,没有残留消毒剂和洗涤剂等。要确保水中不含有氯制剂、重金属等能杀灭疫苗的物质,饮水时间一般在 1.5～2 小时内完成,水中可以加 1%～2% 的鲜奶或 0.1%～0.2% 的脱脂奶粉。有条件的场要在免疫后间隔一定时间做免疫效果监测。口服免疫因其简便易行从而使用广泛,如仔猪副伤寒冻干疫苗、猪多杀性巴氏杆菌活疫苗等均采用口服免疫方法进行接种。

第六,饮水或拌料免疫的缺点是由于个体饮水量和采食量的差异,每只猪所获得的疫苗量不同,因而每只猪的免疫程度不同,导致群体免疫水平不一致。

(五)静脉注射接种法

静脉注射时生物制品发挥效果较快,可以及时抢救病猪。主要用于注射抗病血清进行紧急预防或治疗,特别是在传染病发生时,多采用本法对疑似健康猪进行紧急预防接种和对病猪进行紧急治疗。猪静脉注射接种部位一般选择耳静脉。疫苗一般不采用静脉注射接种法。

(六)滴鼻接种法

滴鼻接种是属于黏膜免疫的一种,黏膜是病原微生物侵入机体的最大门户,有95％的感染发生在黏膜或由黏膜侵入机体,黏膜免疫接种既可刺激产生局部免疫,又可建立针对相应抗原的共同黏膜免疫系统工程。黏膜免疫系统能对黏膜表面不时吸入或食入的大量种类繁杂的抗原进行准确的识别并做出反应,对有害抗原或病原体产生高效体液免疫反应和细胞免疫反应。目前使用比较广泛的是猪伪狂犬病基因缺失疫苗的滴鼻接种。

(七)超前免疫

超前免疫又称零时免疫,是指在仔猪出生后未吃初乳前进行的预防免疫,注射疫苗后1～2小时才给吃初乳,目的是避开母源抗体的干扰和使疫苗毒尽早占领病毒复制的靶位,尽可能早地刺激仔猪产生基础免疫,这种方法常用于猪瘟的免疫。但有些专家对超前免疫持否定态度,他们认为刚出生的仔猪免疫系统尚未发育完善,不能对抗原物质产生足够强的免疫应答。

某些传染病的免疫可以通过给母猪免疫接种,使仔猪通过初乳获得被动免疫,如仔猪大肠杆菌病、猪传染性胃肠炎等都是将疫苗给妊娠母猪免疫,从而使仔猪获得母源抗体,被动获得免疫力。

(八)气管内和胸腔内注射接种法

这两种方法多用于猪支原体肺炎的预防接种。在进行预防接种时,一定要注意注射部位的准确性,防止因注射部位不确实、接种剂量不足造成免疫失败。

(九)穴位注射接种法

在注射有关预防腹泻的疫苗时多采用后海穴注射的方法,能诱导较好的免疫反应。免疫注射时要找准接种部位,保证注入充足的剂量,以达到理想的免疫效果。

六、猪常用疫苗的种类及使用方法

(一)猪瘟疫苗

猪瘟(Swine fever;Hog cholera,HC)是一直困扰养猪业的一大问题,猪瘟是由黄病毒科、瘟病毒属的经典猪瘟病毒(CSFV)引起的急性、热性传染病。不同年龄、性别和品种的猪均可感染发病,病猪是传染源,易感猪与病猪直接接触而发病。在所有的猪病中,猪瘟一直是世界范围内感染率和发病率最高的一种疾病。20世纪60年代之前,猪瘟在我国流行极为普遍,给我国养猪业造成巨大的经济损失。20世纪60年代后期由于采取了以疫苗接种为主的综合防治措施,有效地控制了猪瘟的流行。但近些年来猪瘟疫情在养猪场中十分不稳定。因此,规模化养猪场对猪瘟的控制不可松懈,种猪场猪瘟带毒的净化势在必行。目前,我国每年因猪瘟死亡的猪只占全部病死猪总数的30%左右。

当前我国猪瘟发病状况具有多样性,猪瘟流行呈现典型猪瘟和非典型猪瘟共存,持续感染与隐性感染共存,免疫耐受与带毒综合征共存等特点,且发病日龄的范围明显拓宽。目前,猪瘟的防疫方式也多种多样,如按程序进行猪瘟弱毒疫苗的预防接种,加强养猪场生物安全防护措施等,其中最有效的控制方法是疫苗免疫。

1. 正确识别猪瘟疫苗的防伪标志 正确识别猪瘟、猪繁殖与呼吸综合征疫苗防伪标签的方法是在日光、镍钨灯光或顺着日光灯方向,目光与标签接近直角时观察,可见有以下4个识别特征。

第一,圆形银色标志上蛇杖与天平的交叉点会呈现出一立体感极强的光柱,横向移动观察点,光柱会左右摆动。并由于全息照相的物理特性,随着照射光源的增大,光柱的上端会越来越粗,直至变成一个扇形。

第二，在标志圆环下方边缘内排列了 13 个全息透镜（直径 10 毫米的标志为 15 个），在光线照射下有明显的立体感浮现在标志上，犹如 13 颗闪闪发光的珍珠。

第三，当标志上的全息图文信息全部显现出来时，汉字、英文和中国地图均为红色，蛇杖和天平为黄色，两颗五角星为绿色，全息珍珠状透镜发出白色光泽。

第四，在标志圆环的背景，采用散斑光刻形成明暗相间的渐开族弧形线，呈金属色泽，线条随标签横向移动而左右转动。

2. 猪瘟疫苗的种类及应用　目前市场上用于预防猪瘟的疫苗有多种，主要有单苗和联苗。联苗有猪瘟、猪丹毒二联活疫苗或猪瘟、猪丹毒、猪肺疫三联活疫苗。目前常用的猪瘟单苗有 3 种，即猪瘟细胞活疫苗（细胞苗）、猪瘟乳兔组织活疫苗（组织苗）和猪瘟脾淋活疫苗（组织苗）。每头份细胞苗和组织苗含毒量不一样，细胞苗每头份不低于 750 RID（兔体反应量），组织苗每头份不低于 150 RID。因制备疫苗毒株相同，所以在抗原量合理的情况下，如果排除脾淋苗中的免疫促进因子的因素，三种疫苗的免疫效果应该是不相上下。只要疫苗质量合格，使用效果没有太大的差别。由于各厂家生产工艺的不同，猪只对异种蛋白和疫苗所含其他物质敏感性不同，可能产生应激反应，因此免疫前应做好防范措施。

细胞苗一般是用猪瘟兔化弱毒株接种犊牛睾丸细胞，收获感染细胞，加入适当的保护剂经冷冻真空干燥制成，每头份含毒量以 750RID 为合格，近几年来有的厂家已经将细胞苗每头份含毒量提高到 7 500RID。

细胞苗的优点：①可大规模生产，容易进行质量监控，操作方便，供量充足。②抗原含量相对较高（目前市场上的高效细胞苗达到 7 500RID/头份），能产生较高的抗体水平，污染机会小。

细胞苗的缺点：①使用原代细胞，存在批次差异。同时，由于猪瘟活疫苗（细胞源）的原、辅材料涉及犊牛睾丸和培养细胞用的牛血清，导致其制备过程存在被牛病毒性腹泻-黏膜病病毒污染的风险。牛病毒性腹泻-黏膜病病毒感染猪能引起疑似猪瘟的疫情。近几年,我国曾有报道由牛病毒性腹泻-黏膜病病毒污染的猪瘟疫苗引起的猪病。②无细胞病变,不易控制病毒产量。③受原材料如细胞、培养基、血清等因素影响较大。④细胞苗降解速度较快,如经稀释后在15℃条件下6小时失效,在20℃～27℃条件下约3小时失效。

乳兔组织苗为猪瘟兔化弱毒株接种家兔后,收获家兔的肌肉和实质脏器制成乳剂,再加适宜的稳定剂冻干而成,每头份含150RID为合格。乳兔组织苗的免疫原性较好,但其主要原材料是兔的肌肉,由于兔体肌肉含毒量较低,容易导致单位头份疫苗中有效抗原含量有限(150RID/头份)以及异源组织含量高。因此,临床应用时需加大免疫剂量。另外,还有不便于大规模生产、成本高、生产过程不易控制、接种时有可能出现变态反应等缺点。

成兔脾淋苗是采用有定型热反应的成兔脾脏和肠系膜淋巴结制备而成,由于兔的脾脏和肠系膜淋巴结是兔体载毒量最高的部位,由此制备的疫苗单位头份中有效抗原含量有保证,具有效价确实的优点,效果好。缺点是产量有限,价格高,生产过程不易控制,成本较高,应激反应比较大,一般不用于超前免疫。现在很多专家建议这种疫苗一般用于种猪免疫,因为成年猪的应激反应要小一些。

兔源猪瘟疫苗的优点:①经过2次效检,在生产过程中即可了解疫苗的滴度。②无牛病毒性腹泻-黏膜病病毒污染的风险。③脾淋组织的非特异性免疫增强作用。

兔源猪瘟疫苗的缺点:①采用手工方式生产,不易大规模生产,供应量不足。②不同品种、批次、环境中兔的敏感性不一,因而病毒产量存在差异。③在生产操作过程中容易污染外源杂菌。

猪瘟组织苗毒价高,而且含有非特异性组织,可促进免疫力的加强。同时,降解速度较慢,如组织苗经稀释后在8℃～14℃条件下保存72小时、26℃～32℃条件下保存48小时仍然有良好的免疫效果,所以在猪瘟发生较严重的地区或猪群,可考虑使用组织苗,但是有时某些或某个批次的组织苗引起发生变态反应的概率较细胞苗高得多。

疫苗质量的高低在于各个生产厂家的质量控制方法以及标定方法,也与各个疫苗生产厂家的生产技术水平、生产工艺、原材料质量控制等因素密切相关。欧盟所生产的猪瘟弱毒疫苗即为细胞苗,是采用羊肾传代细胞生产,没有所谓的兔源疫苗。

现在也有一些生物制品厂家,为了降低成本,通常在脾淋苗中添加细胞苗,而细胞苗最大的问题是在生产过程中可能会受到牛病毒性腹泻-黏膜病毒的污染,这种病毒也会引起猪发病。关于这三种疫苗的使用,曾有专家提议一个猪场采购一批猪瘟疫苗,然后对这批疫苗进行牛病毒性腹泻-黏膜病病毒的检测,同一批次的检测结果应该是一致的。如果没有检测出来则说明这批疫苗是安全的,可以使用;如果检测出有该种病毒,说明这批疫苗是不合格的,不能给猪接种。

猪在疫苗免疫后产生体液免疫和细胞免疫。体液免疫力的强弱可通过检测血液中的抗体水平高低来确定,但细胞免疫力却很难用常规方法检测。而在抗猪瘟病毒感染时,细胞免疫比体液免疫起着更重要的作用。因此,评判疫苗好坏既要看免疫后的抗体水平高低,更要看猪群的健康状况,只要能有效预防疫病、保证猪群健康的疫苗就是好疫苗。

仔猪首次免疫最好考虑副反应较小的猪瘟高效细胞苗,第二次免疫或种猪普遍免疫时采用猪瘟细胞苗(高效)或组织苗(脾淋苗)均可。一般情况下建议接种猪瘟细胞苗或组织苗,紧急接种时采用猪瘟脾淋苗。

(1)猪瘟活疫苗(乳兔苗)

【主要成分】 本品系猪瘟兔化弱毒株接种乳兔体组织培养后,收获感染乳兔的肌肉和实质脏器,磨碎后加入适当稳定剂经冷冻真空干燥制成。

【物理性状】 本品为淡红色或淡黄色海绵状疏松团块,易与瓶壁脱离,加入稀释液后迅速溶解成均匀的悬浮液。

【作用与用途】 用于预防猪瘟,大、小猪均可使用。注射疫苗4天后即可产生坚强的免疫力,免疫期可达12个月。断奶后无母源抗体的仔猪免疫期为12个月。

【用法与用量】 ①按瓶签注明头份加灭菌生理盐水或专用稀释液稀释,大、小猪均肌内或皮下注射1毫升。②在没有猪瘟流行的地区,断奶后无母源抗体的仔猪注射1次即可。有疫情威胁时,仔猪可在21~30日龄和65日龄左右时各注射1次。③断奶前仔猪可接种4头份疫苗,以防母源抗体干扰。

【不良反应】 一般无不良反应。少数猪注射本苗后可能出现体温升高、减食或停食等反应,经1~2天即可恢复正常。个别仔猪可能发生过敏反应,须注意观察。对于瘦肉型和纯种猪只进行免疫时,应注意预防猪的应激反应综合征,如猪只接种后出现呕吐、后肢僵硬、震颤、体温升高、黏膜发绀等症状时,应及时注射肾上腺素等缓解药物,一般用药后30分钟即可缓解。

【注意事项】 ①注射疫苗后如出现过敏反应,应及时注射抗过敏药物,如肾上腺素等。②疫苗稀释后,应放在冷藏容器内,严禁冻结,如气温在15℃以下,6小时内要用完;如气温在15℃~27℃,应在3小时内用完。注射的时间最好是进食后2小时或进食前。③剩余的疫苗和空瓶不能随意丢弃,须经加热或消毒灭菌后方可废弃。

【贮藏与有效期】 疫苗要在-15℃条件下避光保存,有效期为12个月。

(2)猪瘟活疫苗(细胞源)

【主要成分】 本品系猪瘟兔化弱毒株接种易感细胞培养,收获细胞培养物,加入适当稳定剂经冷冻真空干燥制成。每头份含细胞毒液不少于0.015毫升。

【物理性状】 本品为乳白色或淡黄色海绵状疏松团块,易与瓶壁脱离,加稀释液后迅速溶解成均匀的悬浮液。

【作用与用途】 用于预防猪瘟,注射疫苗 4 天后即可产生坚强的免疫力。断奶后无母源抗体的仔猪免疫期为 12 个月。

【用法与用量】 同猪瘟活疫苗(乳兔苗)。

【不良反应】 一般无不良反应。少数猪在注射本疫苗后可能出现体温升高、减食或停食等反应,经 1~2 天即可恢复正常。

【注意事项】 ①注射疫苗后应注意观察猪只的反应情况,如出现过敏反应,应及时注射抗过敏药物进行紧急救治。②疫苗应在 8℃ 以下的冷藏条件下运输。③使用单位收到冷藏包装的疫苗后,如保存环境超过 8℃ 但在 25℃ 以下时,从接到疫苗时算起,应在 10 天内用完。④使用单位所在地区的气温在 25℃ 以上时,如无冷藏条件,应采用冰瓶领取疫苗,随领随用。⑤疫苗稀释后,如气温在 15℃ 以下,应在 6 小时内用完;如气温在 15℃~27℃,则应在 3 小时内用完。⑥用过的疫苗瓶、器具和稀释后剩余的疫苗等应进行消毒处理。

【贮藏与有效期】 -15℃ 以下保存,有效期为 18 个月。

(3)猪瘟活疫苗(兔源脾淋苗)

【主要成分】 本品系猪瘟兔化弱毒株接种家兔体组织培养,收获感染家兔的脾脏和淋巴结,磨碎后加入适当稳定剂经冷冻真空干燥制成。

【物理性状】 为淡红色海绵状疏松团块,易与瓶壁脱离,加稀释液后迅速溶解。

【作用与用途】 用于预防猪瘟。注射疫苗 4 天后,即可产生坚强的免疫力。断奶后无母源抗体仔猪的免疫期为 18 个月。

【用法与用量】 肌内或皮下注射。按照瓶签注明的头份加灭菌生理盐水稀释成 1 头份/毫升,每头注射 1 毫升。在没有猪瘟流行的地区,断奶后无母源抗体的仔猪注射 1 次即可。有疫情威胁时,仔猪可在 21~30 日龄和 65 日龄左右时各注射 1 次。断奶前仔猪可接种 4 头份疫苗,以防母源抗体干扰而导致免疫效果降低。

【不良反应】 同猪瘟活疫苗(乳兔苗)。

【注意事项】 ①疫苗应在 8℃以下的冷藏条件下运输。②使用单位收到冷藏包装的疫苗后,如保存环境超过 8℃但在 25℃以下时,从接到疫苗时算起,应在 10 天内用完。③接种时,应做局部消毒处理。④接种后应注意观察,如出现变态反应,应及时注射肾上腺素进行紧急治疗。⑤疫苗稀释后,如气温在 15℃以下,应在 6 小时内用完;如气温在 15℃～27℃,则应在 3 小时内用完。⑥用过的疫苗瓶、器具和稀释后剩余的疫苗应进行消毒处理。

【贮藏与有效期】 —15℃以下保存,有效期为 12 个月。

(4)猪瘟、猪丹毒二联活疫苗

【主要成分】 本品系用细胞培养的猪瘟兔化弱毒液和在特定培养基中培养的猪丹毒弱毒菌液混合后,加入适当稳定剂经冷冻真空干燥制成。

【物理性状】 为淡黄色或淡红色疏松团块,加稀释液后即溶解成均匀的混悬液。

【作用与用途】 用于预防猪瘟和猪丹毒,适用于 2 月龄以上的猪。猪瘟免疫力可持续 12 个月,猪丹毒免疫力约为 6 个月。

【用法与用量】 按瓶签注明头份,每头份加入 1 毫升灭菌生理盐水或铝胶盐水稀释液,振摇溶解后,2 月龄以上的猪肌内注射 1 毫升。

【不良反应】 本品注射后,可能少数猪出现减食、停食、精神差或体温升高等反应,在正常情况下 1～2 天即可恢复;可能少数猪出现过敏反应,可注射肾上腺素进行紧急救治。

【注意事项】 ①本品在使用前应仔细检查,如发现疫苗瓶破裂,没有标签或瓶签不清楚,疫苗混有杂质等,不能使用。②未断奶或刚断奶的仔猪可以注射,但必须在断奶 2 个月左右时再注苗 1 次,以增强其免疫力。妊娠母猪可以注射该疫苗,但临产猪不宜注射,以防引起流产。③本疫苗免疫前 1 周和注射后 10 天内均不应饲喂抗菌药物。④其他注意事项参见猪瘟兔化弱毒细胞活疫苗。

【贮藏与有效期】 在-15℃条件下保存,有效期为12个月;在0℃~8℃条件下保存,有效期为6个月;在-15℃条件下已保存一段时间后,如移入0℃~8℃条件下,保存期按-15℃所余保存时间减半计算。如使用环境在25℃以上时,应采用冰盒领取疫苗,随领随用。

(5)猪瘟、猪巴氏杆菌病二联活疫苗

【主要成分】 由猪瘟兔化弱毒株的细胞培养物与猪多杀性巴氏杆菌弱毒菌液按比例混合配制,再加适当冻干保护剂经冷冻真空干燥制成。

【物理性状】 本品为灰白色或淡褐色海绵状疏松团块,加稀释液后即迅速溶解成均匀的混悬液。猪瘟免疫持续期为12个月,猪肺疫免疫持续期为6个月。

【作用与用途】 用于预防猪瘟、猪巴氏杆菌病,大、小猪均可使用,体弱或患病猪不可注射。

【用法与用量】 不论猪只大小均肌内注射1毫升。

【不良反应】 同猪瘟、猪丹毒二联活疫苗。

【注意事项】 同猪瘟、猪丹毒二联活疫苗。

【贮藏与有效期】 在-15℃条件下保存,有效期为12个月;在0℃~8℃条件下保存,有效期为6个月;在20℃条件下保存,有效期为10天。

(6)猪瘟、猪丹毒、猪巴氏杆菌病三联活疫苗

【主要成分】 用细胞培养的猪瘟兔化弱毒株和在特定培养基中培养的猪丹毒弱毒菌液和猪巴氏杆菌弱毒菌液混合后,加入适当稳定剂经冷冻真空干燥制成。

【物理性状】 为淡黄色或淡红色疏松团块,加稀释液后即溶解成均匀的混悬液。断奶后无母源抗体的仔猪注射本品后,对猪瘟、猪丹毒和猪巴氏杆菌病均能产生较强的免疫力。

【作用与用途】 用于预防猪瘟、猪丹毒和猪巴氏杆菌病,适用于2月龄以上的猪。猪瘟的免疫保护期约为12个月,猪丹毒和猪

肺疫的免疫保护期约为 6 个月。对未断奶或刚断奶仔猪可以注射，但必须在兽医专业人员的指导下进行，断奶后 2 个月必须再注射 1 次，以增强免疫力。

【用法与用量】 加入稀释液振摇溶解后，2 月龄以上的猪肌内注射 1 毫升。

【不良反应】 同猪瘟、猪丹毒二联活疫苗。

【注意事项】 同猪瘟、猪丹毒二联活疫苗。

【贮藏与有效期】 在 -15℃ 条件下保存，有效期为 12 个月；在 0℃～8℃ 条件下保存，有效期为 6 个月；在 -15℃ 条件下已保存一段时间后，如移入 0℃～8℃ 条件下，保存期按 -15℃ 所余保存时间减半计算。如使用环境在 25℃ 以上时，应采用冰盒领取疫苗，随领随用。

联苗的优势是一针预防多种传染病，减少对猪只的应激作用。但经过大量实践证实，单苗的剂量比联苗的剂量更容易得到保证，因此对于发病猪场应首选单苗，并可将免疫剂量加大为 2 头份，免疫效果较为可靠。

3. 猪瘟活疫苗使用注意事项 ①只能对健康猪进行免疫接种，对体质瘦弱、精神委靡、发热、食欲不振等猪只均不应接种疫苗。②免疫接种用的各种工具应事先消毒，1 只猪使用 1 根针头，要保定好猪，严禁打"飞针"。③稀释后的疫苗应放置在 8℃ 以下冷藏容器内，严禁冻结，并尽快用完。④正确的注射部位位于耳根后 3 指、距背中线 5 指处的臀头肌肉内，注射时针头与地面平行，避免将疫苗注射进脂肪组织影响疫苗的吸收。注射部位应先剪毛，然后用 5％ 碘酊消毒后再注射。⑤由于猪脂肪组织较厚，为了使疫苗能够注射到肌肉组织，不同体重的猪要选用不同长度的针头。⑥在猪瘟疫区使用疫苗时，须在兽医指导下进行免疫接种，并在接种后 1 周内逐日观察猪只反应。⑦用过的疫苗瓶应予以深埋或焚毁，使用过的器具应进行彻底消毒。⑧疫苗应在 8℃ 以下冷藏条件下运输。

4. 猪瘟疫苗免疫失败的原因分析 近年来,猪场对猪瘟的控制情况仍不容乐观,探究猪场猪瘟难于控制的原因,学术界也有不同的论点,有人认为猪瘟病毒发生了变异,出现了现有疫苗不能保护的变异毒株;有人认为现有疫苗剂量标准过低,按现有的免疫剂量只能保护猪被猪瘟病毒感染后不出现临床症状,而不能阻止病毒在猪体内繁殖,并可引起猪的长期隐性感染,客观上起到了扩散病毒的作用;有人认为疫苗质量的控制、运输和贮存等方面存在诸多问题;也有人认为猪繁殖与呼吸综合征和猪圆环病毒病的广泛流行加重了猪瘟的发生。猪瘟免疫出现失败应是多种因素所致,因此应从多方面着手控制猪瘟的流行。

(1)**母猪免疫失败** 母猪免疫失败是指妊娠母猪亚临床感染猪瘟病毒时,病毒常经胎盘感染胎儿。母猪早期感染多以流产死胎为主要症状;中期感染表现多产弱仔,产下的仔猪呈颤抖状,多在1周内死亡。胎盘感染没有死亡的仔猪,往往成为持续性感染者(亚临床感染),长期带毒和排毒,而且猪本身对猪瘟具有免疫耐受性,对猪瘟的免疫应答反应水平降低,或者不出现免疫应答反应。这种猪如果留作种用,就会形成胎盘感染、仔猪流行猪瘟、免疫耐受、免疫失败、持续感染这种恶性循环,主要表现为母猪繁殖障碍,哺乳仔猪散发疫情,感染毒力弱的毒株,能产生对病毒的超敏反应,当第二次接触强或弱毒力的猪瘟病毒时,表现出更加严重的临床症状,而且潜伏期较短。

(2)**仔猪免疫失败** 一是可能仔猪感染了母猪体内的病毒,进而影响其免疫力的产生;二是仔猪体内的母源抗体与疫苗毒株相互干扰,造成免疫应答较低,不能使仔猪获得保护。因此,如果免疫接种的时机不当,就会造成猪瘟的流行。仔猪通过初乳获得一定水平的母源抗体,这些母源抗体可以抵御猪瘟强毒的攻击,但随着仔猪日龄的增加,母源抗体的水平逐渐降低,不能有效地保护仔猪,此时必须对仔猪进行疫苗免疫。因此,必须了解养猪场仔猪母源抗体的消长规律,掌握合适的免疫时机,才能确实获得良好的免疫效果。

(3)猪瘟病毒发生毒力变异　病毒毒力变异包括毒力变强的变异和毒力变弱的变异。发生变异的原因可能是病毒株在猪瘟免疫压力作用下出现毒力变异株。有研究发现,从感染非典型猪瘟和温和型猪瘟的猪体中可分离到毒力较弱的毒株。变异的另一种可能是疫苗株的毒力返强,通过感染母猪传递给仔猪,使仔猪成为猪瘟病毒的隐性带毒者。这些毒力变异株在猪群中持续存在,一旦条件适合,大量生长,就有可能暴发猪瘟。

(4)制订免疫程序不合理　近年来,我国养猪业发展迅速,各个养猪场的饲养方式和经营模式都存在较大的差异,加之不同养猪场所处的地理位置不同,因此每个猪场猪群抗体水平和仔猪母源抗体水平的高低都有较大的不同,如果照搬其他养猪场的免疫程序或一直沿用以往的免疫程序,势必会造成一定程度的免疫耐受或免疫空缺,从而有可能导致猪瘟的发生。

(5)猪群营养状况较低　由于缺乏科学的饲养管理和全价的饲料,猪群营养状况较差,导致注射疫苗后,猪群不能产生针对疫苗的良好应答反应,不能产生足够多的保护抗体,抗体的产生量不能有效地保护猪免受猪瘟病毒的攻击;另一方面,母猪不能提供给仔猪高质量的初乳,仔猪就不能从母猪体内获得足够的母源抗体,不能获得抵御猪瘟的能力。此外,圈舍卫生条件差以及不良的外界环境等因素都会导致猪群免疫力低下,有可能引发猪瘟感染。

(6)猪群本身患有圆环病毒病或繁殖与呼吸综合征等免疫抑制性疾病　这些疾病主要攻击猪体免疫系统,从而影响机体的免疫能力,在这种情况下即使注射猪瘟疫苗,也很难激发良好的免疫应答,产生足够的抗体,导致猪群不能抵御猪瘟。

(7)不能及时确诊猪病　猪发病死亡后如不能及时确诊,不但会使病情加重,更会延误宝贵的救治时机,导致经济损失。特别是非典型猪瘟,常常与其他猪病混淆,加大了猪病的诊断难度。

(8)接种密度不高　预防接种首先是保护被接种动物,也就是个体免疫。传染病的流行过程就是传染源向易感动物传播的过程。当对猪群经过预防接种,使之对猪瘟产生了免疫,当免疫的猪只数量达到 80％以上,免疫猪群即形成一个免疫屏障,从而可以保护一些未免疫动物不受感染,如果群体免疫密度达不到 80％以上,则存在着人为的免疫空当。如果某个具体单位接种率低,易感动物又比较集中,一旦猪瘟病毒传入,也可引发局部流行。

在猪瘟的预防措施中,超前免疫曾一度被人们认为是控制猪瘟的法宝,殊不知我们在对仔猪进行超前免疫时,对猪机体免疫系统造成极大刺激和危害,有可能导致猪的免疫耐受,尽管所造成的免疫耐受不会使猪只发病,有时甚至还可能暂时解决生产上的问题,但对整个生产体系来说,采取超前免疫会使猪只机体产生对猪瘟疫苗和猪瘟病毒的免疫麻痹现象。此时,猪瘟疫苗和猪机体和平共处,即使猪只感染了猪瘟病毒也不会出现临床上明显可见的猪瘟症状,但这些猪只却成了长期的带毒者。病毒的携带状态或病毒苗的携带状态高度扰乱了猪群的免疫系统,致使猪瘟的发生成了不可避免的事实。因此,养猪户在采用超前免疫时,一定要慎之又慎。

(二)猪口蹄疫疫苗

口蹄疫(Foot and mouth disease,FMD)由口蹄疫病毒(FMDV)引起的人兽共患的急性、热性、高度接触性传染病。主要侵害偶蹄兽,以发热、口腔黏膜以及蹄部和乳房皮肤发生水疱和溃烂为特征,是世界动物卫生组织(OIE)规定的 A 类传染病,易通过空气传播,传染性强,流行迅速,偶尔感染人,主要发生在与病畜密切接触的人员,多为亚临床感染。

目前已知口蹄疫病毒在全世界有 7 个主型,即 A 型、O 型、C型、SAT1 型(南非 1 型)、SAT2 型(南非 2 型)、SAT3 型(南非 3型)和 Asia 型(亚洲Ⅰ型),每个血清型又包含若干个亚型,同型之间以及各个亚型之间仅有部分交叉免疫性。口蹄疫病毒在流行过程中和在被免疫动物体内均容易发生变异,即抗原漂移。因此,口蹄疫病毒常有新的亚型出现。

根据世界口蹄疫参考实验室(WRLFMD)公布,口蹄疫亚型已有近 80 个,而且还会有新的亚型出现。本病毒的这种特性给口蹄疫的防治带来了很多困难。O 型口蹄疫为全世界流行最广的一个血清型,我国流行的口蹄疫主要为 O 型、A 型和亚洲 I 型。病毒对外界环境的抵抗力很强,在冰冻情况下,血液和粪便中的病毒可存活 120～170 天。阳光直射下 60 分钟才可杀死病毒;加温至85℃作用 15 分钟、煮沸 3 分钟病毒方可死亡。对酸、碱的作用敏感,故 1%～2%氢氧化钠溶液、30%热草木灰水、1%～2%甲醛溶液等都是良好的消毒液。

口蹄疫具有传播速度快、发病率高、传播途径复杂、病原型容易变化等特点,因此很难根除。随着动物贸易的增加,家畜和畜产品流通领域不断扩大,致使口蹄疫的发生次数和疫点不断增加。口蹄疫感染成年偶蹄动物后,死亡率不高,但新生幼畜的死亡率高达 80%。虽然患病成年家畜死亡率不高,但可导致家畜的生产性能下降,危害畜牧业的发展和肉产品的生产,可见口蹄疫对畜牧业生产、对外贸易以及人民生活危害性极大。

1. 正确识别猪口蹄疫疫苗的防伪标志 目前,我国口蹄疫疫苗的生产企业有 6 家,分别为中牧股份兰州生物药品厂、兰州兽医研究所中农威特公司、金宇保灵生物药品有限公司、新疆天康畜牧科技有限公司、乾元浩保山疫苗厂以及上海申联生物制品有限公司。其中上海申联生物制品有限公司目前仅生产猪口蹄疫合成肽疫苗。

口蹄疫疫苗的防伪标签由两部分组成,一是各疫苗厂的产品标签,其内容应符合《兽药标签和说明管理办法》的规定;二是防伪标志,标志以"中国兽药质量监督标志"的图文为基础,采用激光表面防伪标志覆膜实现标志与标签的"二合一"。

口蹄疫疫苗防伪标签的识别,可在日光下和较强的灯光下观察,标签上有多个呈不规则状排列的"中国兽药质量监督标志",并有以下 2 个识别特性。

第一,在日光或灯光下可见激光雕刻制版工艺而成"中国兽药质量监督标志",随目光与标签的观察角度变化,可见文字和图案。

第二,标签表面是 UV 油遮盖,如表面与水、油等物质接触后,激光图案会消失。此时用干净、干燥的毛巾、纸巾等擦拭干后,在 5~10 分钟又会重新显示图案。

2. 口蹄疫疫苗的种类及应用

(1)猪口蹄疫 O 型灭活疫苗(Ⅰ)

【主要成分】 猪 O 型口蹄疫灭活疫苗系用猪源强毒接种幼仓鼠肾传代细胞(BHK-21)或猪肾细胞系(IBRS-2)单层,收获细胞毒液,经二乙烯亚胺(BEI)灭活,与油佐剂混合乳化制成。

【物理性状】 为乳白色或淡红色黏滞性乳状液,经贮存后允许液面上有少量油,瓶底有微量水(分别不得超过 1/10),摇之即呈均匀乳状液。

【作用与用途】 用于预防猪 O 型口蹄疫,免疫持续期 6 个月。

【用法与用量】 疫苗注射前充分摇匀,猪耳根后肌内注射,体重 10~25 千克的猪注射 2 毫升,25 千克以上的猪注射 3 毫升。

【不良反应】

一般反应:注射部位肿胀,体温升高,减食或停食 1~2 天。随着时间的延长,反应逐渐减轻、直至消失。

严重反应:因品种、个体的差异,少数猪可能出现急性过敏反应,如出现焦躁不安、呼吸加快、肌肉震颤、口角出现白沫、鼻腔出血等,甚至因抢救不及时而死亡,个别妊娠母猪可能出现流产。建议及时使用肾上腺素等药物,同时采用适当的辅助治疗措施,以减少损失。

【注意事项】 ①疫苗应冷藏运输(但不得冻结)或尽快运往使用地点。运输和使用过程中,应避免日光直接照射。②疫苗在使用前和使用过程中,均应充分振摇。疫苗瓶开封后,应当日用完。

③注射器具和注射部位应严格消毒,每注射 1 头猪,应更换 1 根针头。注射时,进针应达到适当深度(肌肉内),以免影响疫苗效果。④不得使用无标签、疫苗瓶有裂纹或封口不严、疫苗中有异物或变质的疫苗。⑤接种前应对猪进行检查,患病、瘦弱或临产母猪不予注射。⑥本疫苗适用于接种疫区、受威胁区、安全区的猪。接种时,应从安全区到受威胁区最后再接种疫区内安全猪群和受威胁猪群。⑦非疫区的猪,接种疫苗 21 天后方可移动或调运。⑧接种时,应严格遵守操作规程,接种人员在更换衣服、鞋、帽和进行必要的消毒之后,方可参加疫苗的接种。⑨剩余的疫苗和空瓶不能随意丢弃,须经加热或消毒灭菌后方可废弃。

【贮藏与有效期】 本品应保存于 2℃～10℃的冷库,有效期为 12 个月。

(2)猪口蹄疫 O 型灭活疫苗(Ⅱ)

【主要成分】 本品系用免疫原性良好的猪 O 型口蹄疫 OZK/93 强毒株,接种幼仓鼠肾传代细胞培养,收获感染细胞液,应用生物浓缩技术浓缩,经二乙烯亚胺灭活后,加油佐剂混合乳化制成。用于预防猪 O 型口蹄疫。

【物理性状】 本品为乳白色或浅红色均匀乳状液,久置后上层可有少量(不超过 1/20)油析出,摇之即成均匀乳状液。

【作用与用途】 用于预防猪 O 型口蹄疫。注射疫苗后 15 天产生免疫力,免疫期为 6 个月。

【用法与用量】 耳根后肌内注射,体重 10～25 千克的猪每头 1 毫升,体重 25 千克以上的猪每头 2 毫升。

【不良反应】 同猪口蹄疫 O 型灭活疫苗(Ⅰ)。

【注意事项】 疫苗应在 2℃～8℃条件下冷藏运输,不得冻结;运输和使用过程中,应避免日光直接照射;疫苗使用前应充分摇匀;剩余的疫苗和空瓶不能随意丢弃,须经加热或消毒灭菌后方可废弃。

【贮藏和有效期】 在 2℃～8℃条件下保存,有效期为 12 个月。

（3）口蹄疫 O 型、A 型、亚洲 I 型三价灭活疫苗

【主要成分】　含灭活的 O 型、A 型、亚洲 I 型口蹄疫病毒,经细胞培养,加入灭活剂灭活,再加入免疫佐剂制成的疫苗。

【物理性状】　本品为乳白色或淡红色黏滞性乳状液。

【作用与用途】　预防猪 O 型、A 型、亚洲 I 型口蹄疫。

【用法与用量】　耳根后肌内注射,体重 10～25 千克的仔猪每头 2 毫升,体重 25 千克以上的猪每头 3 毫升。

【不良反应】　同猪口蹄疫 O 型灭活疫苗（I）。

【注意事项】　同猪口蹄疫 O 型灭活疫苗（I）。

【贮藏与有效期】　2℃～8℃条件下避光保存,有效期 12 个月。

（4）猪口蹄疫 O 型合成肽疫苗　合成肽疫苗是用化学合成法人工合成具有抗原性的多肽而制成的疫苗。

【主要成分】　是利用化学合成法人工合成口蹄疫病毒外壳 VP1 上的 129～169 间的氨基酸区域,并通过合成肽的环化技术解决合成这段区域的空间架构问题,采用进口的 MontanideISA50V 作为佐剂,制成的油包水型乳剂。制备过程中不使用灭活剂。

【物理性状】　本品为乳白色黏滞性乳状液。

【作用与用途】　用于预防猪 O 型口蹄疫。注射疫苗后 15 天产生免疫力,免疫保护期为 6 个月。

【用法与用量】　耳根后肌内注射,每头 1 毫升。

【不良反应】　通常无不良反应。

【贮藏和有效期】　2℃～8℃条件下保存,温度变化不影响其效力。

3. 口蹄疫疫苗使用时的注意事项　根据基层兽医工作人员和用户反映,注射口蹄疫疫苗通常比一般其他疫苗反应强烈,有些用户为此拒绝防疫。大量调查证实,注射疫苗后引起猪只发生副反应不单单是疫苗问题,还有很多是因人为操作不当而造成。因此,在疫苗的使用过程中除要注意上述单种疫苗的使用注意事项外,还需注意以下几方面内容。

第一，接种用所有器械和注射部位均应严格消毒。注射器用湿热方法高压蒸汽灭菌或用洁净水加热煮沸消毒至少 15 分钟，严禁使用化学方法消毒。每注射 1 头猪，应更换 1 根针头，做到 1 头猪 1 根针头。注射时，进针应达到适当深度（肌肉内），以免影响疫苗效果。

第二，防疫注射的部位要准确，有些防疫者注射部位不准确，应是肌内注射的不可注入脂肪层或皮下，针头与皮肤表面应保持 45°角，否则易造成肿块。

第三，疫苗免疫剂量要适当，某些防疫者没有因品种、个体、营养水平的差异减少剂量，而是盲目地追求"剂量标准化"，这样造成了疫苗过敏反应现象。同时，对注射过的猪要做适当的标记，防止出现重复注射的现象。

第四，防疫宣传要到位，防疫工作者不但要给动物注射疫苗，而且还要给畜主宣传注射后应注意的事项。如果防疫者忽视宣传工作，畜主看到出现免疫反应症状后，不仔细观察，不及时与防疫者联系，而求助非正规兽医人员，势必会造成损失。

第五，注射疫苗要轻柔，给高龄妊娠母猪注射疫苗时，更要做到轻柔、小心，避免粗暴，否则极易造成流产。

第六，口蹄疫疫苗是一种灭活疫苗，是防治口蹄疫发生、流行的最主要武器之一。但还存在一些缺陷，一般只能诱发短期免疫。

第七，使用疫苗后，疫苗瓶、使用过的酒精棉球、碘酊棉球等，要集中销毁，不能随便丢弃，散落在猪舍中会成为传染源。

第八，接种疫苗前后 2～3 天不要投喂抗生素，在饲料中，复合维生素用量提高 5%，连用 1 周，加强饲养管理。

第九，接种时，须有专人做好记录，写明省（区）、县、乡（镇）、自然村、畜主姓名、家畜种类、大小、性别、接种头数和未接种头数等。在安全区接种后，观察 7～10 天，并详细记载有关情况。

由于口蹄疫毒株类型较多，血清型复杂，口蹄疫问题仍然是个世界性的难题，除了通过生物安全手段外，尚没有一个稳妥的方法可以将本病从猪场中彻底清除。接种疫苗只是消灭和预防本病的多项措施之一,在接种疫苗的同时还应对疫区采取封锁、隔离、消毒等综合防治措施,对非疫区也应进行综合防治。无论是发达国家,还是发展中国家,控制口蹄疫只能采取强制扑杀和严格的生物隔离措施。

4. 防止口蹄疫疫苗副反应的措施

第一,接种后,少数动物因品种、个体状况,可能出现疫苗反应,应加强观察,及时应用肾上腺素或其他办法治疗,以减少损失。

第二,接种后的养猪场(户),应在猪舍内外进行彻底消毒,坚持1周左右。

第三,凡曾接触过病猪的人员,应在更换衣服、鞋帽和进行必要的消毒后,方可参与疫苗注射工作。

第四,接种疫苗后的猪只,应休息1~2天。

第五,接种高龄妊娠母猪或瘦弱猪,应做到一观察、二诊断、三注射。

5. 注射口蹄疫疫苗后发生过敏反应的处理　给猪只注射口蹄疫疫苗,一般来说对猪体是无害的。但也有个别猪只特别是一些架子猪会发生过敏反应,因此注射过口蹄疫疫苗后,要对猪只进行观察,随时记录猪只的反应情况。

局部性反应表现为贪睡、高热、不食,同时注射部位往往出现肿胀、热痛,以上症状一般情况下可自愈,因此注射疫苗后应多加观察,及时了解猪只的反应情况。

全身性过敏反应多在注射疫苗后5分钟内出现,主要表现全身出汗、肌肉震颤、体温升高,白毛猪可看出皮肤明显充血发红,呼吸急促,口中流涎,结膜潮红,呆立不动,运动时步态不稳,视力障碍。若出现上述症状,应及时肌注0.1%肾上腺素注射液和地塞米松磷酸钠注射液,剂量应视猪只体重而定。一般经过10~20分钟可缓解症状,1~2天连续用药即可康复。

6. 口蹄疫疫苗免疫失败的原因分析　口蹄疫免疫的成败首

先取决于疫苗的质量、制备疫苗所用的毒株与流行毒株的差异程度以及合理的免疫程序。同时,还有掌握被免疫猪群体特异性抗体水平以及猪场实际免疫效果。了解猪群体免疫动态的主要途径是进行抗体水平检测,抗体水平检测也是猪场制订口蹄疫免疫程序的重要依据。不了解本场猪群的抗体水平,就很难制订符合本场实际情况的免疫程序,难免引起免疫失败。

接种口蹄疫疫苗后,猪体产生抗体水平低,保护率不高的原因有以下几个方面。

(1)抗原方面　对口蹄疫病毒本身来说,致病力高,但免疫原性差,也就是说注射疫苗后,猪体产生的抗体水平较低,不能保护猪只。

(2)血清型方面　口蹄疫病毒分为 7 个主型,各型之间没有交叉免疫力,注射一种血清型疫苗,避免不了其他血清型口蹄疫的发生。

(3)免疫程序方面　对于一些病毒性疾病,单纯只注射一次疫苗,动物机体产生的抗体水平有限,针对口蹄疫来说,应注射 2 次,间隔时间 15 天左右。种公猪、母猪每年免疫 3 次,第一次免疫后间隔 20 天加强免疫 1 次。仔猪 60 日龄首次免疫,20 天后加强免疫 1 次。

(三)猪日本乙型脑炎疫苗

日本乙型脑炎(Japanese B encephalitis,JBE)又称流行性乙型脑炎,是由日本乙型脑炎病毒所致的一种人兽共患传染病,主要引起母猪流产、产死胎和公猪睾丸炎。在养猪业上主要危害种公猪和母猪,母猪主要特征为高热、流产、产死胎。公猪主要表现为睾丸肿大,少数猪有神经症状,给养猪业造成较大的经济损失。本病可感染人,人感染后临床表现为急性发病、高热、意识障碍、惊厥、强直性痉挛和脑膜刺激症等,重症患者病后往往留有后遗症。

1. 猪日本乙型脑炎疫苗的种类及应用

(1)日本乙型脑炎减毒活疫苗

【主要成分】 将日本乙型脑炎 SA-14-14-2 减毒株病毒接种于地鼠肾单层细胞,经培养后收获病毒液,加保护剂,经分装、冷冻真空干燥制成。

【物理性状】 本品为淡黄色疏松海绵状团块,溶解后为橘红色澄明液体。

【作用与用途】 用于预防猪日本乙型脑炎,仔猪、肥育猪、种猪均可使用。

【用法与用量】 颈部肌内注射,小猪耳后一指多一点,从脊梁骨往下两指交叉点处垂直注射。大猪以耳后四指和背部四指交叉处的三角区域作为免疫区域垂直注射。仔猪前期使用 20 毫米长的 12 号针头,仔猪后期和肥育前期使用 25 毫米长的 14 号针头,成年公猪、成年母猪、后备猪以及肥育后期的猪一般用 38 毫米长的 16 号针头。按瓶签注明头份,用本品专用的稀释液稀释后肌内注射。仔猪、母猪、公猪均注射 1 头份。

【注意事项】 ①疫苗在运输、保存、使用过程中应防止高温、消毒剂和太阳光直射。使用本疫苗前应细心检查包装,如发现破损、标签模糊、过期或失真空等现象时严禁使用。②被免疫猪必须健康,体质瘦弱、有病、食欲不振者均不应免疫接种。③免疫所用器具均应事先消毒灭菌,保证 1 头猪使用 1 根针头。④本疫苗必须用专用稀释液稀释,应随用随稀释,并保证在稀释后 2 小时内用完。⑤剩余的疫苗和空瓶不能随意丢弃,须经加热或消毒灭菌后方可废弃。

【贮藏与有效期】 在 2℃～8℃条件下保存,有效期为 6 个月;在 -15℃以下条件下保存,有效期为 18 个月。

(2)日本乙型脑炎灭活疫苗

【主要成分】 本品系用猪日本乙型脑炎病毒 HW1 株脑内接种小白鼠,收获感染的小白鼠脑组织制成悬液,经甲醛溶液灭活后,加油佐剂混合乳化制成。

【物理性状】 本品为白色均匀乳剂。

【作用与用途】 用于预防猪日本乙型脑炎,适用于各种日龄的猪,免疫保护期为 10 个月。

【用法与用量】 肌内注射。种猪于 6～7 月龄(配种前)或蚊虫出现前 20～30 天注射疫苗 2 次(间隔 10～15 天),经产母猪和成年公猪每年注射 1 次,每次 2 毫升。在日本乙型脑炎重疫区,为了提高防疫密度,切断传染来源,对其他类型猪群也应进行预防接种。

【注意事项】 ①疫苗使用前摇匀,保证注入准确的剂量,启封后须当天用完。②保存期间尽量避免摇动。③本疫苗切勿冻结。④剩余的疫苗和空瓶不能随意丢弃,须经加热或消毒灭菌后方可废弃。

【贮藏与有效期】 在 2℃～8℃条件下保存,有效期为 12 个月。

2. 猪日本乙型脑炎免疫失败的原因分析

(1)母源抗体的干扰 留作种用的仔猪体内,母源抗体可保持 4 个月左右,而通常的免疫程序都是在 4～5 月龄进行。如果此时对猪只进行日本乙型脑炎的疫苗接种,则猪体内的母源抗体可与疫苗中的抗原发生中和反应,使疫苗中的抗原量减少或被完全中和,猪体没有获得外来抗原的刺激,不会产生免疫应答,导致免疫失败。

(2)免疫接种次数 通常认为,后备种猪在配种前接种 1 次日本乙型脑炎疫苗就可以得到保护。实际上,猪很容易感染本病,再加上多种干扰免疫效果的因素存在,1 次免疫很难获得预期的效果。因此,对初次配种的母猪可进行 2 次免疫接种。经产母猪每年接种 1 次。

(3)免疫接种时间的选择 日本乙型脑炎的流行具有明显的季节性,因此后备猪应在每年疾病流行前 1 个月进行免疫接种,每年的 4 月下旬和 5 月上旬为最佳的免疫时机。

（4）免疫接种方法的影响　由于日本乙型脑炎病毒对碘较为敏感，因此在注射局部消毒时，不能采用碘类消毒剂（如碘酊、碘伏等），否则会影响疫苗的免疫效果。

（5）猪群的健康状况　如果猪群已经感染了日本乙型脑炎，但防疫人员没有观察到，这时再进行日本乙型脑炎疫苗的免疫接种，就会导致免疫效果不佳。

（四）猪伪狂犬病疫苗

猪伪狂犬病（Pseudorabies，PR）是由伪狂犬病病毒（PRV）引起的一种急性传染病，目前已在全国各地传播和蔓延，给养猪业造成了巨大的损失。猪是伪狂犬病的唯一自然宿主，故本病对其危害极大，可导致妊娠母猪流产、产死胎及胎儿干尸化。对初生仔猪则引起神经症状，出现运动失调、麻痹、衰竭死亡，病死率100%。成年猪多呈隐性感染，但可引起呼吸道症状。本病也可以发生于其他家畜和野生动物。

1. 猪伪狂犬病疫苗的种类及应用　猪伪狂犬病疫苗可分为弱毒活疫苗和灭活疫苗两种，根据疫苗所用毒株的基因缺失情况分为基因缺失苗和非基因缺失疫苗，弱毒活疫苗都是基因缺失疫苗，但又有基因缺失疫苗和自然缺失疫苗的区分。伪狂犬病基因工程缺失疫苗是利用基因工程技术在伪狂犬病病毒基因组中插入或缺失一段序列，致使伪狂犬病病毒毒力减弱，但同时又保持其较强的免疫原性，此类病毒株经适当工艺生产的伪狂犬病疫苗称为伪狂犬病基因工程缺失疫苗，简称伪狂犬病基因缺失疫苗。

自然缺失疫苗不是利用基因工程技术，而是通过非猪源细胞或鸡胚的反复传代，或在某些诱变剂的存在下，使其基因组发生一些突变或缺失，但是其主要毒力基因 TK 没有缺失，因此严格上说应该是弱毒株，故其毒力返强的可能性较大，并可能导致疾病的流行。

基因缺失疫苗的主要优势在于免疫猪只所产生的抗体能与野

毒产生的抗体相区别,如使用 gE 缺失疫苗,通过 gE 抗体检测,可以找出本场的野毒感染(gE 抗体阳性)猪,及时加以淘汰。

普通弱毒疫苗的优点是成本低、免疫源性好;缺点是安全性差,即有毒力返强的可能。灭活疫苗的优点是安全性好;缺点是成本高、注射的次数多。基因缺失苗的优点是免疫应答性好,比较安全;缺点是成本高。我国生产的基因缺失弱毒苗与进口基因缺失弱毒苗相比,效价方面国产疫苗优于进口疫苗,安全性方面进口疫苗胜于国产疫苗,所以进口基因缺失弱毒苗较为适合猪伪狂犬病的净化。由于一般弱毒苗有毒力返强的缺点,同时基因缺失弱毒苗有重组变强的可能,而基因缺失苗具有使用安全和方便进行抗体检测的优点。

综上所述,养猪场应该根据本场的具体情况和免疫目的选择合适的疫苗,不能轻信宣传或盲目追从。若本场未曾发生过本病,可以不免疫或只免疫灭活疫苗;若本场曾经发生过本病,但不是很严重,免疫活疫苗即可。若本场曾经多次发生本病,应同时免疫弱毒活疫苗和灭活疫苗。若防疫的最终目的是净化猪场,应选用基因缺失疫苗,及时淘汰野毒感染猪。若只是为了防毒,则可以用非基因缺失苗。

(1)猪伪狂犬病基因缺失活疫苗(SA215 株)

【主要成分】 本品系用伪狂犬病病毒(SA215 株)三基因(TK、gE、gI 基因)缺失株接种无特定病原体(SPF)鸡胚成纤维细胞,收获细胞培养物,加入适宜稳定剂,经分装、冷冻真空干燥制成。

【物理性状】 本品为微黄色海绵状疏松团块,加入磷酸盐缓冲液后迅速溶解。

【作用与用途】 用于预防猪伪狂犬病。注射后 7 天开始产生免疫力,免疫保护期可达 6 个月。仔猪被动免疫的免疫期为 28 天。接种后 7 天均检测到抗体,免疫后 4~8 周抗体维持最高水平,不但可用作免疫预防,也可用作免疫治疗,注射后 24 小时即可诱导产生免疫保护力。

【用法与用量】 肌内注射,按标签注明的头份,用磷酸盐缓冲液稀释,每头肌内注射1毫升(含1头份),母猪于配种前接种,对其所产仔猪可在出生后21~28天接种。对未使用本疫苗免疫的免疫母猪所产仔猪,可在出生后7天内接种。种公猪每年春、秋季各接种1次。

【不良反应】 通常无不良反应,新生仔猪、断奶仔猪、妊娠母猪在接种该疫苗后1周内,精神状态良好,食欲正常,接种部位无红、肿、热、痛等不良反应,不影响妊娠母猪正常产仔。

【注意事项】 ①本疫苗在使用、运输、保存过程中应防止高温、消毒剂和阳光照射。②稀释后的疫苗必须在4小时内用完。③稀释和接种用具等应消毒处理。④剩余的疫苗和空瓶不能随意丢弃,须经加热或消毒灭菌后方可废弃。

【贮藏与有效期】 在2℃~8℃条件下保存,有效期为12个月。

(2)猪伪狂犬病活疫苗

【主要成分】 由伪狂犬病弱毒 BarthaK-61 毒株接种鸡胚成纤维细胞,培养增殖后,加入适当稳定剂,经冷冻真空干燥制成,每头份病毒含量不少于 5 000TCID$_{50}$(半数细胞培养感染量)。

【物理性状】 本品为淡黄色疏松海绵状团块,易与瓶壁脱离,加稀释液后迅速溶解呈均匀的混悬液。

【作用与用途】 用于预防猪、牛和绵羊的伪狂犬病,注射疫苗后第六天产生免疫力,免疫保护期为12个月。

【用法与用量】 既可滴鼻免疫,也可肌内注射。

滴鼻免疫可有效阻断潜伏感染,最适用于猪场伪狂犬病的净化。1~3日龄猪滴鼻1头份,每鼻孔1毫升,共2毫升;8~10周龄猪肌内注射1头份(2毫升);10周龄以上猪每头肌内注射2毫升。

肌内注射时,按瓶签注明的头份,用无菌磷酸盐缓冲液(pH值7.2)稀释为每毫升含1头份。乳猪每头股内侧肌内接种0.5毫升,断奶后的仔猪股内侧肌内或臀部肌内再接种1毫升;3月龄以上的仔猪和架子猪,每头股内侧肌内或臀部肌内接种1毫升。成年猪和妊娠母猪每头臀部肌内接种2毫升。

【不良反应】 一般无可见的不良反应。

【注意事项】 ①在贮藏和运输过程中,应注意避光、低温冷藏。②疫苗稀释前如发现潮解变形,应废弃。③稀释后的疫苗应放在冷暗处保存,须当日用完。④接种时,应执行常规无菌操作,每接种1头猪更换1根针头。⑤患病、瘦弱和刚阉割的猪不宜接种。⑥妊娠母猪于分娩前21~28天接种为宜,其所生仔猪的母源抗体可持续21~28天,此后乳猪或断奶猪仍需接种疫苗;未用本疫苗接种的母猪,其所生仔猪可在生后7天内接种,并在断奶后再接种1次。⑦用于疫区和受到疫病威胁的地区,在疫区、疫点内,除已发病的猪外,对无临床表现的猪亦可进行紧急预防接种。⑧剩余的疫苗和空瓶不能随意丢弃,须经加热或消毒灭菌后方可废弃。

【贮藏与有效期】 在-20℃以下条件下保存,有效期为18个月;在2℃~8℃条件下保存,有效期为9个月。

(3)猪伪狂犬病灭活疫苗

【主要成分】 本品系用猪源伪狂犬病病毒鄂A株接种幼仓鼠肾传代细胞单层培养,收获感染病毒液,经甲醛溶液灭活后,与油佐剂混合乳化制成,用于预防猪的伪狂犬病。

【物理性状】 本品为白色均匀乳剂。

【作用与用途】 用于预防由伪狂犬病毒引起的母猪繁殖障碍、仔猪伪狂犬病和种猪不育症。免疫保护期为6个月。

【用法与用量】 颈部肌内注射。肥育仔猪断奶时每头注射3毫升;种用仔猪断奶时每头注射3毫升,间隔28~42天加强免疫1次,每头5毫升,以后每隔6个月加强免疫1次。妊娠母猪在产前1个月加强免疫1次。

【不良反应】 一般无可见的不良反应,有时个别猪会出现局部肿胀,可在短时间内消失。

【注意事项】 ①用前摇匀,使疫苗的温度恢复到室温。②启封后应当天用完。③疫苗应在有效期内使用。④注射疫苗时应采用正确的无菌操作程序,注射局部应严格消毒。⑤注射疫苗应采用 9 号针头。⑥疫苗切勿冻结。⑦应在当地兽医正确指导下使用。⑧屠宰前 3 周的猪不得进行本疫苗接种。⑨剩余的疫苗和空瓶不能随意丢弃,须经加热或消毒灭菌后方可废弃。

【贮藏与有效期】 在 2℃~8℃条件下避光保存,有效期为 12 个月。

2. 猪伪狂犬病的清除方案 全场种公猪、种母猪每 4 个月同时免疫 1 次 gE 缺失活苗。生长肥育猪和后备母猪于 10 周龄和 14 周龄各免疫 1 次 gE 缺失活苗。gE 抗体阴性后备母猪才能留作种用。每季度随机采血检测 gE 抗体阳性率的变化,淘汰 gE 抗体阳性母猪(可用初乳取代血清作为检体)。

3. 猪伪狂犬病疫苗使用时的注意事项 因大多数猪场均采用活疫苗进行预防免疫,因此要严格处理注射用具、疫苗溶液和疫苗瓶,防止其他敏感动物接触后引起病毒的活化反应。每个猪场应防止多种疫苗混用,只能使用一种基因缺失弱毒疫苗,不要使用 2 种或多种基因缺失弱毒疫苗,以防病毒基因发生重组。稀释疫苗时应使用相对应的疫苗稀释液。

(五)猪细小病毒病疫苗

猪细小病毒病(Porcine parvovirus disease,PP)是由猪细小病毒(PPV)引起猪的一种繁殖障碍性传染病。本病以胚胎与胎儿感染和死亡为特征,引起死胎、木乃伊胎、流产、死产和初生仔猪死亡。通常母猪本身并无明显症状,只表现为繁殖障碍综合征。目前本病在世界各地猪群中普遍存在,在大多数猪场呈地方性流行。我国 20 世纪 80 年代中后期频繁从国外引种,使本病在我国迅速传播。本病多呈地方流行性,有时也会在某些猪场暴发,多见于猪群初次感染,特别是初产母猪症状明显。近年来本病对我国规模猪场造成了严重的危害。

预防本病的疫苗包括活疫苗与灭活疫苗。活疫苗产生的抗体滴度高，而且维持时间较长；灭活疫苗的免疫期比较短，一般只有6个月。灭活疫苗以抗原性质不同分为组织灭活疫苗与细胞培养灭活疫苗2种；按佐剂性质不同又可分为铝胶佐剂灭活疫苗、蜂胶佐剂灭活疫苗和油乳剂灭活疫苗三大类，其中以油乳佐剂灭活疫苗最常用。

疫苗注射可在配种前几周进行，以保证妊娠母猪在易感期能保持坚强的免疫力。为防止母源抗体的干扰可采用两次注射法或通过测定血凝滴度确定免疫时间，抗体滴度大于1∶20时，不宜注射；抗体效价高于1∶80时，即可抵抗细小病毒的感染。在生产上为了给母猪提供坚强的免疫力，最好在猪每次配种前都进行免疫，可以通过注射2次油乳剂灭活疫苗，以避开体内已存在的被动免疫力的干扰。将猪在断奶时从污染群移到没有细小病毒污染的地方进行隔离饲养，也有助于本病的净化。

1. 猪细小病毒病灭活疫苗

【主要成分】 本产品采用猪细小病毒接种胎猪睾丸细胞培养，收获病毒培养物，经乙酰乙烯亚胺（AEI）灭活后，加矿物油佐剂混合乳化制成。

【物理性状】 乳白色乳剂，久置后下层略带淡红色。

【作用与用途】 用于预防猪细小病毒病（母猪繁殖障碍），免疫期为6个月。

【用法与用量】 颈部深层肌内注射，以耳后四指和背部四指交叉处的三角区域作为免疫区域垂直注射。每头猪注射2毫升。初产母猪5～6月龄免疫1次，2～4周后加强免疫1次；经产母猪于配种前3～4周免疫1次；公猪每年免疫2次。

【注意事项】 ①疫苗在运输、保存、使用过程中应防止高温、消毒剂和太阳光直接照射。②疫苗使用前应认真检查，如呈现破乳、变色、包装瓶有裂纹等均不可使。③疫苗应在标明的有效期内使用，使用前必须摇匀。切勿冻结，冻结后的疫苗严禁使用。④使用前,应将疫苗恢复至室温,并充分摇匀。⑤接种时,注射器具与注射部位必须严格消毒,每注射 1 头猪更换 1 根针头。⑥疫苗一经开瓶,限当日用完。⑦在疫区或非疫区均可使用,且不受季节限制。在阳性猪场,对 5 月龄至配种前 14 天的后备母猪、后备公猪均可使用。在阴性猪场,配种前的母猪在任何时候均可接种。妊娠母猪不宜接种。⑧屠宰前 21 天内禁止使用。⑨剩余的疫苗和空瓶不能随意丢弃,须经加热或消毒灭菌后方可废弃。

【贮藏与有效期】 在 2℃~8℃条件下保存,有效期为 12 个月。

2. 猪细小病毒病活疫苗

【主要成分】 引进国外猪细小病毒弱毒株,经接种细胞培养,收获病毒,加入适当稳定剂,经冷冻真空干燥制成。

【物理性状】 为黄白色海绵状疏松团块,易与瓶壁脱离,加稀释液后迅速溶解,无异物。免疫保护期为 6 个月。

【作用与用途】 用于健康母猪和种公猪的免疫接种,预防细小病毒病。本疫苗不宜给妊娠母猪使用,一般只用于未妊娠的初产母猪。

【用法与用量】 肌内注射,临用时用猪细小病毒病疫苗专用稀释液(磷酸盐缓冲液)或生理盐水稀释,后备母猪在 5~6 月龄时,每头肌内注射 1 毫升。经产母猪于每次配种前 2~4 周,颈部肌内注射 2 毫升。种公猪于 8 月龄时首次免疫注射,以后每年注射 1 次,每次颈部肌内注射 2 毫升。

【注意事项】 ①使用前应仔细检查包装,如发现破瓶、瓶口胶塞破损、瓶签不清晰以及过期失效等现象时禁止使用。②体质瘦弱、患病、食欲不振者均不应注射。③免疫所用器具均应事先消毒,每注射 1 头猪必须更换 1 根消过毒的针头。④疫苗应现用现稀释,并保证在 2 小时内用完。⑤剩余的疫苗和空瓶不能随意丢弃,须经加热或消毒灭菌后方可废弃。

【贮藏与有效期】 在 -15℃条件下保存,有效期为 12 个月。

3. 猪伪狂犬病、细小病毒病二联活疫苗

【主要成分】 本品系采用猪伪狂犬病基因缺失弱毒株、猪细小病毒弱毒株分别接种适宜细胞培养,收获病毒培养液,加入适当稳定剂后,经冷冻真空干燥制成。

【物理性状】 为黄白色海绵状疏松团块,易与瓶壁脱离,加稀释液后迅速溶解,无异物。

【作用与用途】 用于健康母猪、种公猪的免疫接种,预防伪狂犬病和细小病毒病。

【用法与用量】 用专用稀释液稀释,每头猪肌内注射 1 头份(约 2 毫升),免疫期为 6 个月。

【注意事项】 同猪细小病毒病活疫苗。

【贮藏与有效期】 在 −15℃条件下保存,有效期为 24 个月。

4. 猪繁殖与呼吸综合征、猪细小病毒病、猪伪狂犬病三联耐热活疫苗

【主要成分】 本疫苗系由猪繁殖与呼吸综合征病毒、猪细小病毒和猪伪狂犬病病毒分别经细胞培养,收获感染细胞培养物,以一定比例混合后,加以免疫增强剂和冻干保护剂,冷冻真空干燥制成。

【物理性状】 本品为乳白色或淡黄色疏松团块,稀释后呈均匀的悬浮液。

【作用与用途】 用于预防猪繁殖与呼吸综合征、细小病毒病和伪狂犬病的发生和蔓延。

【用法与用量】 后备母猪配种前 2～3 周每头肌内注射 2 毫升。污染严重的猪场可进行 2 次免疫(一般于配种前 2 个月左右首次免疫,15～20 天后再加强免疫 1 次),以便确实保证母猪在配种前具有较高水平的保护性抗体。仔猪可于 18～21 日龄(母源抗体消失之前)进行免疫接种,亦可采用断奶前、后各接种 1 次的方法。用生理盐水或磷酸盐缓冲液将每瓶疫苗稀释至 20 毫升,种猪和育成猪每头注射 2 毫升,仔猪每头注射 1 毫升。

【不良反应】 使用活疫苗时,个别猪可能会出现过敏反应,所以在大群使用前应先进行小群试验,同时还应准备好抗过敏药物。

【注意事项】 ①妊娠初期母猪禁用,因为给妊娠初期母猪接种时会使新生胎儿受到强毒侵害而发病,可导致胎儿早期死亡或胎死腹中,并带毒,早产后可扩大污染。更重要的是不能保胎,经济损失较大。②初生仔猪应尽量保证吃足初乳,以使新生仔猪在哺乳期内获取足够的免疫力。③本疫苗虽为耐热苗,但仍有一定的限度,时间过长会感染杂菌,降低免疫效果,故稀释后的疫苗应在2小时内用完。④注射过本三联苗的公猪在注射疫苗后8周内不可与母猪配种,因为其精液中可能含有被暂时排出的疫苗病毒,不利于母猪妊娠。⑤剩余的疫苗和空瓶不能随意丢弃,须经加热或消毒灭菌后方可废弃。

【贮存与有效期】 在2℃~8℃条件下保存,有效期为18个月。

(六)猪繁殖与呼吸综合征疫苗

猪繁殖与呼吸综合征(Porcine reproductive and respiratory syndrome,PRRS)又名蓝耳病,是由猪繁殖与呼吸综合征病毒引起。我国于1996年首次发现,现已广泛流行,有报道指出目前约90%以上的规模化猪场存在本病。本病主要通过接触传播,也可垂直传播,候鸟的长途迁徙是本病传播的最大隐患,饲养环境好坏与本病的暴发也密切相关。

本病是当前养猪业最为关注的话题,一方面是因为近年来本病的高发性让养猪业损失惨重,另一方面则是由于其病毒的特殊性而使疫苗免疫效果一直存在较大的争议。目前本病常见的临床表现主要有4种:一是繁殖障碍型,主要表现为流产死胎;二是呼吸型,主要表现为感冒、病情轻重不一、体温升高、扎堆等;三是急性型,也就是我们熟悉的高致病性蓝耳病,表现为传播快、死亡率高、病程长、嗜睡等;四是神经型,表现为一些神经症状方面的障碍。本病不仅在我国是重要传染病,也已经成为世界养猪业的头号杀手。

我国商品化的猪繁殖与呼吸综合征疫苗种类繁多,有进口的和国产的,其中国产的又包括传统猪繁殖与呼吸综合征活疫苗(CH-1R)、传统猪繁殖与呼吸综合征灭活疫苗、高致病性蓝耳病灭活疫苗、高致病性蓝耳病活疫苗等。但活疫苗在控制猪繁殖与呼吸综合征病毒感染、免疫效力和安全性方面仍存在较多的争议。因此,对于活疫苗的使用应慎重。从市场普及率来看,灭活疫苗的普及率更高。尽管国内猪繁殖与呼吸综合征阳性猪场检出率越来越高,但猪场普遍没有接种疫苗,其原因一是由于猪繁殖与呼吸综合征还不是威胁养猪生产的主要疫病,二是养猪户还没有充分认识到本病的严重性。

对于养猪户来讲,如何选择适合自己猪场的疫苗才是关键。在选择疫苗之前最好先进行猪繁殖与呼吸综合征病毒检测(病原和抗体检测),经检测可以将猪场分为猪繁殖与呼吸综合征病毒变异株的阴性猪场和阳性猪场,而后根据情况决定使用何种疫苗。

几乎所有专家一致提出,对非疫区的阴性猪场不建议使用活疫苗,否则相当于人工攻毒。不过,在疫区中的阴性猪场,防疫压力很大,要么封闭饲养,要么接种活疫苗,让猪只体内存在一定的抗体水平。对阳性猪场,则建议接种活疫苗。

灭活疫苗从理论上说,使用后不会产生安全性问题,虽可刺激猪机体产生体液免疫反应,但对清除猪繁殖与呼吸综合征病毒感染的巨噬细胞是有限的。因此,仅仅依靠灭活疫苗的免疫给猪机体建立牢固的免疫力是远远不够的。在生产实践中,灭活疫苗也存在灭活、佐剂材料以及生产工艺等方面诸多问题,导致对灭活疫苗尤其是高致病性猪繁殖与呼吸综合征疫苗的使用存在恐惧。

活疫苗的特点是免疫应激小,免疫 2 周后可诱导体液免疫,4周后可产生细胞免疫;可减少或阻止病猪排毒,缩短病猪的排毒期以及病毒血症的持续期。能减少感染公猪的精液排毒。活疫苗经过 1 次足够剂量的免疫,3～4 周后即可产生综合免疫抗体,产生可靠的保护。但对于不同源的变异株缺乏保护力。

现在预防本病的疫苗主要是灭活疫苗和弱毒疫苗。灭活疫苗一般是用免疫原性强的完整病原灭活后,用以接种动物。由于灭活疫苗不能高效进入 MHC I 类途径,所以难于诱导产生细胞毒性 T 细胞(CTL)。弱毒疫苗可以很好地刺激机体产生细胞免疫和体液免疫,但其毕竟是一种活的微生物,具有潜在的危险,而且通过常规的血清学方法一般与自然感染无法区分。

1. 猪繁殖与呼吸综合征灭活疫苗(NVDC-JXA1 株)

【主要成分】 采用国内分离的流行毒株 NVDC-JXA1 株,通过细胞悬浮培养技术增殖病毒,经灭活剂灭活后,加入油佐剂乳化制成。

【物理性状】 本品为乳白色或淡粉红色均匀乳剂,属油包水型。

【作用与用途】 用于预防猪繁殖与呼吸综合征,免疫保护期为 6 个月。

【用法与用量】 耳后部肌内注射。3 周龄及以上仔猪,每头 2 毫升,根据当地疫病流行状况,可在首次免疫后 28 天加强免疫 1 次。母猪配种前接种 4 毫升,种公猪每隔 6 个月接种 1 次,每次 4 毫升。

【不良反应】 一般无可见不良反应。

【注意事项】 ①本品只用于接种健康猪。②疫苗使用前应恢复至室温并充分振摇。③接种器具应无菌,注射部位应严格消毒。④对妊娠母猪应慎用,避免引起机械性流产。⑤接种后个别猪可能出现体温升高、减食等反应,一般在 2 天内自行恢复,重者可注射肾上腺素,并采取辅助治疗措施。⑥疫苗开封后,应在当日用完。⑦屠宰前 21 天不得进行免疫接种。⑧剩余的疫苗和空瓶不能随意丢弃,须经加热或消毒灭菌后方可废弃。

【贮藏与有效期】 在 2℃~8℃条件下保存,有效期为 10 个月。

2. 猪繁殖与呼吸综合征灭活疫苗(Ch-1a 株)

【主要成分】 采用猪繁殖与呼吸综合征病毒流行株 Ch-1a

株,通过细胞悬浮培养技术增殖病毒,经灭活剂灭活后,加入油佐剂乳化制成。

【物理性状】 乳白色乳剂。

【作用与用途】 用于预防猪繁殖与呼吸综合征,免疫保护期为 6 个月。

【用法与用量】 颈部肌内注射。母猪在妊娠 40 天内进行初次免疫接种,间隔 20 天后进行第二次接种,以后每隔 6 个月接种 1 次,每次每头 4 毫升;种公猪初次接种与母猪同时进行,间隔 20 天后进行第二次接种,以后每隔 6 个月接种 1 次,每次每头为 4 毫升;仔猪于 15～21 日龄接种 1 次,每头 2 毫升。

【不良反应】 有个别猪会出现局部肿胀,可在短时间内消失。

【注意事项】 ①疫苗切勿冻结,使用前应恢复至室温并摇匀,在 4 小时内用完。②使用前细心检查包装,如发现破裂、颜色变暗、有絮状沉淀或严重分层、过期失效的应禁用。③注射部位和所用器具须高温消毒处理,使用时必须更换针头,1 头猪 1 根针头。④对妊娠母猪进行接种时,要注意保定,避免引起机械性流产。⑤本疫苗接种后,有少数猪接种部位出现轻度肿胀,21 天后基本消失。⑥屠宰前 21 天不得进行接种。⑦应在兽医指导下使用。⑧剩余的疫苗和空瓶不能随意丢弃,须经加热或消毒灭菌后方可废弃。

【贮藏与有效期】 在 2℃～8℃ 条件下避光保存,有效期为 10 个月。

3. 猪繁殖与呼吸综合征病毒活疫苗(CH-1R 株)

【主要成分】 疫苗中含有猪繁殖与呼吸综合征病毒 CH-1R 株,每头份疫苗病毒含量不少于 $10^5 TCID_{50}$。

【物理性状】 本品为乳白色或微黄色海绵状疏松冻干团块,易与瓶壁脱离,加稀释液后迅速溶解。

【作用与用途】 用于预防猪繁殖与呼吸综合征。

【用法与用量】 颈部肌内注射。3～4 周龄仔猪 1 头份/头;母猪于配种前一周免疫,2 头份/头。小猪于耳后一指多一点,从脊梁骨向下两指交叉点处垂直注射。大猪以耳后四指和背部四指交叉处的三角区域作为免疫区域垂直注射。仔猪前期使用 20 毫米长的 12 号针头,仔猪后期和肥育前期使用 25 毫米长的 14 号针头,成年公猪和母猪以及后备猪、肥育后期猪一般用 38 毫米长的 16 号针头。

【不良反应】　尚未见不良反应。

【注意事项】　①初次应用本疫苗的猪场,应先做小群试验。②种公猪应慎用。③注射部位和相关器具应严格消毒。④屠宰前 30 天不得进行免疫接种。⑤应在兽医的指导下使用。⑥目前尚未进行本疫苗对变异毒株的免疫效力试验,尚不能确定疫苗对变异株的效果。⑦用前按瓶签注明头份加入专用稀释液稀释,待完全溶解后使用,启封后 2 小时内用完。⑧剩余的疫苗和空瓶不能随意丢弃,须经加热或消毒灭菌后方可废弃。

【贮藏与有效期】　在-20℃以下条件下保存,有效期为 18 个月。

4. 猪繁殖与呼吸综合征、猪细小病毒病、猪伪狂犬病三联耐热活疫苗　见猪细小病毒病疫苗。

(七)猪流行性感冒疫苗

猪流行性感冒(Swine influenza)又称猪流感,是猪的一种急性、传染性呼吸系统疾病。其特征为突发、咳嗽、呼吸困难、发热以及迅速转归。猪流感通常暴发于猪之间,传染性很高但通常不会引发死亡。秋、冬季节属高发期,但全年均可传播。猪流感多被辨识为丙型流感病毒(C 型流感病毒),或者是甲型流感病毒的亚种之一,本病毒可在猪群中造成流感暴发。

目前国内尚未有猪的流感疫苗,我国广东省在 2004 年已经开始 H1N3 型猪流感灭活疫苗的研制工作,并取得了中试验收,有望近年便能投放市场。

（八）猪传染性胃肠炎疫苗

猪传染性胃肠炎（Transmissible gastroenteritis of pigs, TGE）是急性、高度传染性疾病，在很多国家广泛流行，给养猪业造成很大的经济损失。猪传染性胃肠炎主要侵害2周龄以下的仔猪，死亡率可达100%，对大型养猪场更具危害性。本病虽然研究很多，但直到目前本病的特异性预防还未彻底解决。这与仔猪生后几天就感染本病，不能建立主动免疫，而只靠母源抗体而获得被动免疫有关。

1. 猪传染性胃肠炎灭活疫苗

【主要成分】 本品系用猪传染性胃肠炎病毒接种 PK15 细胞培养，收获感染病毒液，经甲醛溶液灭活后制成。

【物理性状】 本品为粉红色均匀混悬液，接种后14天产生免疫力，免疫保护期为6个月。仔猪被动免疫的免疫期为哺乳期至断奶后7天。

【作用与用途】 用于预防猪传染性胃肠炎，主要用于妊娠母猪的接种，使其所产仔猪获得被动免疫，也可用于主动免疫，保护不同年龄的猪只。

【用法与用量】 疫苗注射部位为后海穴（尾部与肛门中间凹陷的小窝部位）。注射疫苗的进针深度按猪只日龄大小不同而定，3日龄仔猪为0.5厘米，随猪龄增大则进针深度加大，成年猪为4厘米，进针时保持与直肠平行或稍偏上。妊娠母猪于分娩前20~30天注射疫苗4毫升，其所生仔猪于断奶后7天内注射疫苗1毫升。体重25千克以下仔猪每头注射1毫升，25~50千克的育成猪每头注射2毫升，50千克以上的成年猪每头注射4毫升。

【不良反应】 通常无不良反应，个别猪只可能会出现一过性反应。

【注意事项】 剩余的疫苗和空瓶不能随意丢弃，须经加热或消毒灭菌后方可废弃。

【贮藏与有效期】 在2℃～8℃条件下保存,有效期为12个月。

2. 猪传染性胃肠炎活疫苗

【主要成分】 本品系用猪传染性胃肠炎病毒接种适宜细胞培养,收获感染病毒液,加入适当冻干保护剂经冷冻真空干燥制成。

【物理性状】 本品为乳白色海绵状疏松冻干团块,易与瓶壁脱离,加稀释液后迅速溶解。接种后14天产生免疫力,免疫期为6个月。

【作用与用途】 用于预防猪传染性胃肠炎,主要用于妊娠母猪的接种,使其所产仔猪获得被动免疫,也可用于主动免疫,保护不同年龄的猪只。

【用法与用量】 主要用于妊娠母猪的免疫,于分娩前45天肌内注射1毫升,分娩前15天滴鼻1毫升,可使仔猪获得有效的被动免疫。

【不良反应】 通常无不良反应。

【注意事项】 剩余的疫苗和空瓶不能随意丢弃,须经加热或消毒灭菌后方可废弃。

【贮藏与有效期】 在-20℃以下条件下保存,有效期为12个月。

3. 猪传染性胃肠炎、猪流行性腹泻二联活疫苗

【主要成分】 本品含猪传染性胃肠炎病毒和猪流行性腹泻病毒,每毫升病毒含量≥10^7 TCID$_{50}$。

【物理性状】 为黄白色海绵状疏松团块,易与瓶壁脱离,加稀释液后迅速溶解,无异物。

【作用与用途】 用于预防由猪传染性胃肠炎病毒和猪流行性腹泻病毒引起的猪腹泻病。用于主动免疫时,免疫接种后7天产生免疫力,免疫期为6个月。通过初乳获得被动免疫力的仔猪,免疫期为哺乳期至断奶后7天。

【用法与用量】 按瓶签注明的头份用无菌生理盐水(3毫升)稀释成每1.5毫升含1头份,后海穴注射。接种疫苗时,进针深度按猪龄大小而定,3日龄仔猪0.5厘米,随猪日龄增大而加深,成年猪4厘米,进针时保持与直肠平行或稍偏上。妊娠母猪于分娩前20～30天,每头注射1.5毫升。10～25千克体重的猪注射0.5毫升,25～50千克体重的猪注射1毫升,50千克以上体重的猪注射1.5毫升,注射后7天产生免疫力。免疫母猪所生仔猪于断奶后7～10天每头注射0.5毫升。未免疫母猪所产3日龄以内仔猪每头注射0.2毫升。在发病时,本疫苗可用于紧急接种,可获得良好的效果。

【不良反应】 一般无可见不良反应。

【注意事项】 ①疫苗不得冻结。②疫苗运输过程中应防止高温和日光照射。③使用前和使用中均须充分摇匀疫苗。④妊娠母猪接种疫苗时要进行适当保定,以避免引起机械性流产。⑤疫苗稀释后应在1小时内用完。⑥接种时,应执行常规无菌操作。⑦剩余的疫苗和空瓶不能随意丢弃,须经加热或消毒灭菌后方可废弃。

【贮藏与有效期】 在−20℃以下条件下保存,有效期为2年;在2℃～8℃条件下保存,有效期为1年。

4. 猪传染性胃肠炎、猪流行性腹泻二联灭活疫苗

【主要成分】 本品用猪传染性胃肠炎、猪流行性腹泻病毒经细胞培养收获病毒后,经甲醛灭活,加入氢氧化铝胶浓缩制成。

【物理性状】 本品为粉红色的均匀混悬液。静止后,上层为红色澄清液体,下层为淡灰色沉淀,使用前经振摇即呈均匀悬液。

【作用与用途】 用于预防猪传染性胃肠炎和猪流行性腹泻,供妊娠母猪被动免疫用,以保护仔猪,也可用于主动免疫,保护不同日龄的猪,主动免疫接种后14天便可产生免疫力,免疫持续期为6个月。

【用法与用量】 接种途径为后海穴注射。妊娠母猪于产前20～30天接种4毫升。体重25千克以下的仔猪注射1毫升,体重25～50千克的育成猪注射2毫升,体重50千克以上的成年猪注射4毫升。

【不良反应】 一般无可见不良反应。

【注意事项】 ①本疫苗对流行性腹泻病毒和传染性胃肠炎引

起的腹泻有效,对其他原因引发的腹泻不起作用。②注意单一依靠疫苗不能控制混合感染引起的腹泻,应采取综合防治措施。③疫苗在运输过程中,应防止高温和阳光照射,在免疫接种前应充分振荡摇匀后再进行接种。④给妊娠母猪接种疫苗时要进行适当保定,以避免引起机械性流产。接种疫苗的进针深度为 0.5~4 厘米,2 日龄仔猪为 0.5 厘米,随猪龄增大则进针深度加大,成年猪为 4 厘米,进针时保持与直肠平行或稍偏上。避免疫苗注入直肠内。⑤应在当地兽医正确指导下使用。⑥剩余的疫苗和空瓶不能随意丢弃,须经加热或消毒灭菌后方可废弃。

【贮藏与有效期】 在 -20℃ 以下条件下保存,有效期为 24 个月;在 2℃~8℃ 条件下保存,有效期为 12 个月。

(九)猪流行性腹泻疫苗

猪流行性腹泻(Porcine epidemic diarrhea,PED)又称流行性病毒性腹泻,是由猪流行性腹泻病毒引起猪的一种肠道传染病,其特征为呕吐、腹泻和脱水。目前世界各地均有本病流行,各种年龄的猪都能感染发病。哺乳仔猪、架子猪、肥育猪的发病率很高,可达 100%,成年母猪发病率为 10%~90%。病猪是主要传染源,病毒随粪便排出后,污染环境、饲料、饮水和用具等,主要感染途径是消化道,如果一个猪场陆续有很多窝仔猪出生或断奶,病毒会不断感染失去母源抗体的断奶仔猪,使本病呈地方流行性,在这种繁殖场内,猪流行性腹泻病毒可造成 5~8 周龄仔猪断奶期发生顽固性腹泻,危害较大。

此外,本病的临床症状很难与猪传染性胃肠炎相区别,且本病常与传染性胃肠炎混合感染,引起猪生产性能下降,严重时导致死亡,造成严重的经济损失。

1. 猪流行性腹泻灭活疫苗

【主要成分】 本品系用猪流行性腹泻病毒国内分离的病毒株(CV777)人工感染仔猪,收获组织捣碎后,经灭活剂灭活,再配以氢氧化铝胶佐剂制成。

【物理性状】 本品为乳白色或微土黄色的均匀混悬液,静置后上清液透明,沉淀物为细腻的青色,用时重复振摇。

【作用与用途】 用于预防猪流行性腹泻,免疫期为6个月,其保护率可达85%。

【用法与用量】 接种途径为后海穴注射。妊娠母猪于分娩前25～30天注射,每头3毫升。体重10千克以内的猪每头注射0.5毫升,体重10～25千克的猪每头注射1毫升,体重25～50千克的猪每头注射2毫升,体重50千克以上的猪每头注射3毫升。

【注意事项】 剩余的疫苗和空瓶不能随意丢弃,须经加热或消毒灭菌后方可废弃。

【贮藏与有效期】 在2℃～8℃条件下避光保存,有效期为12个月。

2. 猪传染性胃肠炎、猪流行性腹泻二联活疫苗 见猪传染性胃肠炎疫苗。

3. 猪传染性胃肠炎、猪流行性腹泻二联灭活疫苗 见猪传染性胃肠炎疫苗。

(十)猪轮状病毒病疫苗

猪轮状病毒病(Porcine rotavirus disease)是由轮状病毒引起的一种幼龄猪急性消化道传染病。在自然情况下,7日龄以下的新生仔猪很少发生,一般发生在13～39日龄的仔猪,平均在20日龄,初产母猪产的仔猪较易感染病毒。潜伏期12～24小时,开始时表现厌食、不安、偶尔呕吐,严重的在1～4小时后发生水样腹泻,粪便呈黄色至白色,含絮状物。腹泻可持续3～5天,在腹泻2～5天后可能发生死亡。随着年龄的增大死亡率降低,14日龄以上的猪很少死亡。

1. 猪传染性胃肠炎、猪轮状病毒二联活疫苗
【主要成分】 用猪传染性胃肠炎疫苗株和猪轮状病毒A群

两个主要血清型弱毒疫苗株,分别用适宜细胞培养,经适当配比并加入稳定剂后,经冷冻真空干燥制成。

【物理性状】 为浅黄白色海绵状疏松团块,稀释溶解后呈淡粉红色均质液体。

【作用与用途】 用于预防猪轮状病毒病和猪传染性胃肠炎。

【用法与用量】 每瓶疫苗用注射用水或灭菌生理盐水稀释至20毫升。经产母猪和后备母猪于分娩前5～6周和1周分别肌内注射1毫升,免疫期为4个月。新生仔猪喂乳前每头肌内注射1毫升,30分钟后再喂乳,免疫期1年。仔猪断奶前7～10天,每头肌内注射2毫升,免疫期6个月。架子猪、肥育猪和种公猪每头肌内注射1毫升,免疫期6个月。

【注意事项】 ①本品为弱毒疫苗,在运输、保存、使用过程中要避开阳光、高温、消毒剂以及其他化学药品的影响。②疫苗启封稀释后,当天尽快用完,不能久存,剩余的稀释疫苗消毒后废弃。③猪腹泻病病因十分复杂,疫苗免疫期间应做好与有类似症状疾病的鉴别诊断以及细菌性、寄生虫性和猪流行性腹泻等腹泻病的控制。④应在兽医正确指导下使用。

【贮藏与有效期】 5℃以下条件避光保存,有效期为12个月。

2. 猪流行性腹泻、猪传染性胃肠炎、猪轮状病毒三联灭活疫苗

【主要成分】 猪流行性腹泻病毒、猪传染性胃肠炎病毒和猪轮状病毒毒株分别经细胞培养后,收获病毒培养液,经灭活剂灭活后制成。

【作用与用途】 用于预防猪轮状病毒病、猪传染性胃肠炎和轮状病毒感染。

【用法与用量】 后备母猪阶段必须免疫1次,在初产前1个月左右再免疫1次,以后每胎产前1个月免疫1次。于后海穴注射,每次4毫升。初生仔猪0.5毫升/头,5～25千克体重的仔猪1毫升/头,25千克以上体重的猪2毫升/头。对未曾接种且已发病的哺乳仔猪,紧急接种可使部分仔猪免于死亡。

【注意事项】 ①运输过程中应防止高温和日光照射。②妊娠母猪接种疫苗时要适当保定,以避免引起机械性流产。③疫苗稀释后,限 1 小时内用完。④剩余的疫苗和空瓶不能随意丢弃,须经加热或消毒灭菌后方可废弃。

【贮藏与有效期】 在 $-20℃$ 以下条件下保存,有效期为 24 个月;在 $2℃\sim8℃$ 条件下保存,有效期为 12 个月。

(十一)猪圆环病毒病疫苗

猪圆环病毒病(Porcine circovirus disease,PC)是全球公认的危害养猪业健康发展的重要疫病之一,同时也是困扰我国养猪业发展的三大疫病之一。目前已知猪圆环病毒有 2 个血清型,即猪圆环病毒 1 型(PCV1)和猪圆环病毒 2 型(PCV2)。其中猪圆环病毒 1 型为非致病性病毒,而猪圆环病毒 2 型为致病性病毒,它是断奶仔猪多系统衰竭综合征的主要病原。本病可发生于健康状况良好的猪场,以 5~12 周龄的猪发病率较高,急性暴发猪群的死亡率可达 10%,个别情况高达 50%。同时,猪圆环病毒 2 型感染还可引起猪皮炎与肾炎综合征、猪繁殖与呼吸综合征等其他疾病,这些与猪圆环病毒 2 型感染相关的疫病统称为猪圆环病毒病。猪圆环病毒 2 型广泛存在于世界各地的猪群中,在我国猪群中流行十分严重,给养猪业造成了重大的经济损失。

以往猪圆环病毒病的预防主要依赖于进口疫苗,经过 10 多年的科技攻关,我国自主研制的圆环病毒病疫苗已获得成功,通过了农业部兽药评审中心评审。

猪圆环病毒 2 型灭活疫苗(LG 株)

【主要成分】 灭活前每毫升疫苗含猪圆环病毒 2 型 LG 株应不低于 $10^{5.5}$ TCID$_{50}$。

【物理性状】 本品为粉白色乳状液。

【作用与用途】 用于预防猪圆环病毒 2 型感染所引起的相关疾病,适用于 3 周龄以上的仔猪和成年猪。

【用法与用量】 颈部肌内注射。新生仔猪 3～4 周龄首免,间隔 3 周加强免疫 1 次,1 毫升/头;后备母猪配种前做基础免疫 2 次,间隔 3 周,产前 1 个月加强免疫 1 次,2 毫升/头;经产母猪跟胎免疫,分娩前 1 个月接种 1 次,2 毫升/头;其他成年猪实施普免,做基础免疫为 2 次,间隔 3 周,以后每 6 个月免疫 1 次,2 毫升/头。

【不良反应】 一般无可见的不良反应。

【注意事项】 ①本品仅用于接种健康猪群,患病、瘦弱、体温或食欲不正常的猪只不宜注射疫苗。②疫苗冷藏运输和保存,切勿冻结,发生破乳、变色现象应废弃。③疫苗使用前升温至室温,充分振摇,严格消毒,开封后应当日用完。④注苗后猪只出现一过性体温升高、减食现象,一般可在 2 天内自行恢复。⑤如有个别猪只发生过敏反应,可用肾上腺素进行紧急救治。

【贮藏与有效期】 在 2℃～8℃ 条件下避光保存,有效期为 18 个月。

(十二)猪丹毒疫苗

猪丹毒(Swine erysipelas,SE)俗称打火印,是由丹毒杆菌属的猪丹毒杆菌引起猪的一种急性、热性传染病。在自然条件下 3 月龄至 1 岁的猪最易感染。病程多为急性败血型或亚急性疹块型,转为慢性的多发生关节炎和心内膜炎。

本病广泛流行于世界各地,是严重危害养猪业的重要传染病之一,对养猪业的危害较大。在养殖密度大且防疫工作差的部分地区,猪丹毒的感染率可达 50%～70%,并且健康猪带菌的现象也十分普遍。患有急性猪丹毒的猪,表现为高热不退、食欲废绝,病死率可达 80%～90%,给养猪业造成巨大的经济损失。因此,加强猪丹毒的防治,提高疫苗的免疫效果,具有重要意义。

1. 猪丹毒疫苗的种类及应用

(1)猪丹毒活疫苗(G4T10)

【主要成分】 以猪丹毒 G4T10 弱毒菌株接种在肉肝胃酶消

化汤中培养完成后,加明胶蔗糖保护剂,经冷冻真空干燥制成。

【物理性状】 本品为淡褐色海绵状疏松团块,易与瓶壁脱离,加稀释液后迅速溶解。

【作用与用途】 用于预防猪丹毒,断奶后 15 天以上的猪接种 7 天后可产生较强的免疫力,免疫期 6 个月。

【用法与用量】 皮下注射,按瓶签注明头份,用 20％铝胶生理盐水稀释(铝胶生理盐水使用前必须充分摇匀),每头猪注射 1 毫升。

【注意事项】 ①本品在运输和使用时,如气温达到 10℃以上,则疫苗必须放在装有冰块的冷藏容器内,气温在 10℃以下时可用普通包装运送。严禁日光照射和接触高温,各使用单位收到疫苗后应立即冷冻保存。②本品在使用前应仔细检查,如发现玻瓶破裂、没有瓶签或瓶签不清楚、疫苗中混有杂质、已过有效期或未在规定条件下保存者,均不能使用。稀释用的铝胶生理盐水,静置后如有上清液浑浊或下部氢氧化铝变色、含杂质、长霉等均不能使用。③注射本品前应了解当地确无疫病流行,被注射猪应健康,体质瘦弱、患病、体温升高、食欲不振或初生仔猪等均不应注射本品。④本品使用前 1 周以及注射后 10 天内,均不应饲喂或注射任何抗生素、磺胺类等药物。注射本品后可能有少量猪出现减食或体温升高等反应,一般 1～2 天即可恢复。注苗后有反应经治疗的猪,在康复 2 周后应再免疫注射 1 次。⑤本品应随用随稀释,稀释后的疫苗应放于阴暗处,并限 4 小时内用完。接种用具用前须经高温灭菌。接种后剩余的疫苗、空瓶以及稀释和接种用具等应消毒处理。⑥猪丹毒流行的地区,首免后间隔 2 个月左右应加强免疫 1 次。疫苗应在兽医的指导下正确使用。

【贮藏与有效期】 在－15℃以下条件下保存,有效期为 12 个月;在 2℃～8℃条件下保存,有效期为 9 个月。

(2)猪丹毒 GC42 活疫苗

【主要成分】 本疫苗系猪丹毒 GC42 弱毒菌株接种于含有

2％血清或裂解红细胞的肉肝胃酶消化汤中培养,菌液加明胶蔗糖保护剂,经冷冻真空干燥制成。

【物理性状】 本品质地疏松,呈红褐色或灰白色海绵状,易与瓶壁脱离,加入稀释液后迅速溶解成匀质混悬液。

【作用与用途】 预防猪丹毒,注射后 7 天、口服后 9 天开始产生免疫力,免疫期为 6 个月。

【用法与用量】 不论口服法或注射法,均按瓶签标记头份数,每头份加入 20％氢氧化铝胶生理盐水稀释液 1 毫升,振摇溶解后应用。使用注射法时,每头猪皮下注射 1 毫升(不低于 7 亿个活菌)。使用口服法时,每头猪口服 2 毫升(不低于 14 亿个活菌),可采用散食喂法或流食喂法给药。散食喂法是取适量新鲜饲料(如麦麸、稻糠、玉米糠等),加少量冷水搅拌润湿,将稀释好的疫苗加入饲料内,充分拌匀后撒在饲槽内让猪自由采食。流食喂法是取适量冷水(每头猪 250 毫升左右)加少量饲料,使其呈流体状态,将稀释好的疫苗滴在流食内并拌匀,倒在饲槽内让猪自由采食。

【注意事项】 本疫苗为活疫苗,除执行有关规定外,尚需注意以下几点。

第一,本疫苗应随用随稀释,稀释后保存于阴凉处,限在 4 小时内用完,严禁阳光直射或接触高温。

第二,病弱猪、妊娠 2.5 个月以上的母猪以及未断奶或刚断奶的仔猪,均不宜应用。

第三,抗生素的应用能抑制或消除本疫苗的免疫力,故在用苗前 1 周和用苗后 10 天内应停止使用抗菌药物,必须使用时,在停药 1 周后须补做 1 次免疫。

第四,采用口服法免疫时,拌苗用的饲料和水禁忌偏酸,不能用酸败和发酵饲料,不能用热水、热食。喂苗前须将用具用碱水洗净。群养猪最好按大小分开喂苗,使每头猪都能吃到规定剂量的疫苗。必须空腹喂苗,最好是清晨饲喂,喂苗后需经 30 分钟方可常规喂食。

【贮藏与有效期】 按瓶签上注明的冻干之日算起,在-15℃条件下可保存12个月,在0℃~8℃条件下可保存9个月,在9℃~25℃条件下能保存30天,在26℃~30℃条件下保存期不超过10天。

(3)猪丹毒氢氧化铝胶吸附灭活疫苗

【主要成分】 本苗是将猪丹毒杆菌B型接种于适宜培养基中,通气培养,培养的菌液经甲醛灭活后,加入氢氧化铝胶吸附,再加入适量防腐剂制成。

【物理性状】 静置时,上部为橙黄色透明的清亮液体,下部为灰褐色或灰红色沉淀,振摇后为均匀的混悬液。

【作用与用途】 仅供预防猪丹毒,接种后21天产生坚强免疫力,免疫期为6个月。

【用法与用量】 皮下或肌内注射,体重10千克以上的断奶猪或成年猪,每头注射5毫升;体重10千克以下或尚未断奶的猪,每头注射3毫升,隔45天后再注射3毫升。

【不良反应】 一般无不良反应,仅在注射局部形成蚕豆或核桃大的硬结(以后逐渐消失),对猪只健康无影响。

【注意事项】 ①应避免阳光直射保存,切忌冰冻,一经冰冻,不得使用。②在使用前应充分振摇,使苗液呈均匀悬浮液。③开瓶后,疫苗应于当天用完,隔日不得继续使用。

【贮藏与有效期】 贮存于2℃~15℃条件下冷暗处,有效期为18个月;在28℃以下条件下保存,有效期为12个月。

(4)猪丹毒、猪巴氏杆菌病二联灭活疫苗

【主要成分】 采用免疫原性良好的猪丹毒杆菌和猪源多杀性巴氏杆菌,分别接种于适宜培养基中培养,培养物经甲醛溶液灭活,加氢氧化铝胶浓缩,按适当比例混合制成。

【物理性状】 为灰褐色均匀混悬液,久置后发生灰褐色沉淀,上层为橙黄色透明液体,振摇后能均匀分散,免疫期为6个月。

【作用与用途】 用于预防猪丹毒和猪巴氏杆菌病,大、小健康猪均可使用。

【用法与用量】 皮下或肌内注射,体重 10 千克以上断奶猪 5 毫升,未断奶仔猪 3 毫升,间隔 45 天可再注射 3 毫升。

【注意事项】 ①疫苗使用前应摇匀,并限在 4 小时内用完,剩余疫苗不宜保留。注射局部有时产生可触摸到的硬肿,短期内可消退。②在使用前应仔细检查,如发现破乳、冻结、没有瓶签或瓶签不清楚,疫苗中混有杂质等情况以及已过有效期或未在规定条件下保存者,均不能使用。③为了减少局部反应,疫苗由冰箱中取出后,温度应恢复至室温并充分摇匀方可使用。④注意注射器、针头等用具以及注射部位的消毒,每注射 1 头猪必须更换 1 根针头,用过的器具、空瓶和胶塞等应及时煮沸消毒处理。

【贮藏与有效期】 在 2℃~15℃条件下保存,有效期为 18 个月;在 28℃以下室温中保存,有效期为 9 个月。

(5)猪瘟、猪丹毒二联活疫苗 详见猪瘟防治用疫苗。

(6)猪瘟、猪丹毒、猪巴氏杆菌病三联活疫苗 详见猪瘟防治疫苗。

2. 导致猪丹毒免疫失败的原因 在猪丹毒的免疫预防中也会出现免疫失败的现象,导致这种现象的主要原因包括以下几点。

第一,疫苗管理不当,导致疫苗减效或失效。疫苗在贮存、运输以及保存过程中未按照相关要求严格执行或疫苗失真空,致使疫苗效价降低或失效,达不到应有的免疫效力。

第二,接种剂量不准确。在疫苗接种过程中打"飞针"或接种手法不熟练,导致疫苗接种剂量不足,使接种后的猪体不能产生足够的保护性抗体,不能保护动物避免病原的感染,造成免疫失败。

第三,猪体健康状况不佳,免疫应答能力低下。由于饲养管理不善、猪舍环境卫生较差、舍内通风不良等因素造成猪群健康水平较低,导致猪体自身对疫苗的免疫应答水平不高,致使产生的抗体量不足以抵抗病原的攻击。

(十三)猪大肠杆菌病疫苗

猪大肠杆菌病(Porcine colibacillosis)是由致病性大肠杆菌引起仔猪的一种肠道传染病,主要以 3 种形式存在:①初生仔猪腹泻,即黄痢,以腹泻、排黄色或黄白色液状粪便为特征,主要发生于母猪场和集约化猪场,窝内传染快,发病率和病死率均较高,可达90%以上。同时,一旦传入猪场,可连续发生,数年不断,很难根除,带菌母猪是本病的传染源。②仔猪白痢,主要发生于 10~25 日龄的仔猪,以排乳白色或灰白色、带有特殊腥臭味的糊糊状黏稠粪便为特征,发病较普遍,病程长而死亡率不高。③仔猪水肿病,主要发生于断奶后的仔猪,以全身或局部麻痹、共济失调和全身水肿为特征,发病率较低、病程短,但死亡率较高。初生仔猪腹泻是养猪场较常见的一种传染病,是影响仔猪成活、妨碍猪只正常生长发育和增重的重要因素,对养猪业的发展造成严重威胁。

目前预防本病常用的疫苗有仔猪大肠杆菌基因工程三价(K88、K99、987P)灭活疫苗、仔猪大肠杆菌基因工程二价(K88、K99)灭活疫苗、仔猪大肠杆菌遗传工程双价疫苗、仔猪大肠杆菌基因工程四价(K88、K99、987P、F41)灭活疫苗等。

1. 猪大肠杆菌病疫苗的种类及应用

(1)仔猪大肠埃希氏菌腹泻基因工程 K88 和 K99 双价灭活疫苗

【主要成分】 本疫苗系用基因工程技术人工构建成功的大肠埃希氏菌 C600/PTK88,K99 菌株,接种适宜培养基培养,收获含 K88、K99 两种菌毛抗原培养物,经甲醛溶液灭活后制成的双价灭活疫苗。

【物理性状】 本品为淡黄色疏松海绵状团块,易与瓶壁脱离,加入稀释液后迅速溶解。

【作用与用途】 预防产肠毒素大肠杆菌引起的仔猪腹泻。接种妊娠母猪后,新生仔猪通过吮食母猪初乳,被动获得 K88、K99 抗体,可在短期内抵抗大肠埃希氏菌的感染。

【用法与用量】 耳根部皮下注射,1 瓶疫苗加灭菌蒸馏水 1 毫升溶解后,再加 20%氢氧化铝胶 2 毫升混匀,分娩前 21 天左右的妊娠母猪耳根部皮下注射 3 毫升,注射一次即可。

【注意事项】 ①注射时应做局部消毒处理。②为确保仔猪获得免疫力,应使它们充分吸吮免疫母猪的初乳。③接种后其注射用具、盛苗容器以及稀释后剩下的疫苗必须消毒处理。

【贮藏与有效期】 于 2℃～10℃冷暗处保存,有效期为 12 个月。

(2)仔猪大肠埃希氏菌腹泻基因工程 K88 和 K99 双价活疫苗

【主要成分】 由基因工程技术人工构建的非产肠毒素且具有两种保护性抗原的 K88、K99 大肠杆菌菌株,接种在适宜的培养基进行发酵培养,收获菌液加入适当的稳定剂,经冷冻真空干燥制成。

【物理性状】 为灰白色或乳白色、疏松海绵状团块,易脱离瓶壁,加铝胶盐水后迅速溶解成均匀的混悬液。

【作用与用途】 给妊娠母猪接种,预防产肠毒素大肠杆菌感染引起的仔猪腹泻。

【用法与用量】 皮下接种,取疫苗 1 瓶,按每头母猪用注射用水 1 毫升加 20%氢氧化铝胶生理盐水 2 毫升混匀,妊娠母猪在分娩前 21 天左右耳根部皮下接种 3 毫升(含 100 亿 CFU 活菌)。口服免疫时,每头猪口服 500 亿 CFU 活菌,妊娠母猪于分娩前 15～25 天进行免疫,疫苗可与少量冷饲料搅拌,空腹投喂。疫情严重的地区,在分娩前 7～10 天再免疫接种 1 次。

【注意事项】 ①使用本疫苗前后 3 天内不能使用抗菌药物。②口服时,应在饲喂饲料前投喂,以确保猪能摄入足够的量。③为确保仔猪获得免疫力,应使它们充分吸吮免疫母猪的初乳。④本疫苗稀释后限 6 小时用完,用时随时摇匀。⑤注射时注射局部应消毒处理。⑥接种用注射用具、盛苗容器以及稀释后剩余的疫苗均须消毒处理。

【贮藏与有效期】 于－20℃条件下避光保存,有效期为 18 个月;于2℃～8℃条件下保存,有效期为12个月。

(3)仔猪大肠菌腹泻 K88-LTB 双价基因工程活疫苗

【主要成分】 本品是用重组的大肠杆菌 K88-LTB 基因构建的工程菌株接种于适宜培养基中,通气培养,收获菌液经浓缩后,加入适量明胶和蔗糖保护剂,经冷冻真空干燥制成。

【物理性状】 本品为灰白色海绵状疏松团块,加稀释液后迅速溶解。

【作用与用途】 用于免疫健康的妊娠母猪,新生仔猪通过吮吸母猪的初乳而获得被动免疫,预防仔猪大肠杆菌病。

【用法与用量】 疫苗使用时按瓶签注明的头份,用灭菌生理盐水稀释。口服免疫时每头口服 500 亿个活菌,与碳酸氢钠一起拌入少量精饲料中,空腹饲喂母猪;肌内注射免疫时每头注射 100 亿个活菌。两种免疫方法均在妊娠母猪分娩前 2～3 周进行,病情严重的猪场可在分娩前 1 周再加强免疫 1 次。

【贮藏与有效期】 于－15℃条件下保存,有效期为 7 个月;于 0℃～4℃条件下保存,有效期为 3 个月;于 18℃～22℃条件下保存,有效期为 1 个月。

(4)仔猪大肠埃希氏菌病三价灭活疫苗

【主要成分】 本品含灭活的分别带有 K88、K99、987P 纤毛抗原的大肠杆菌,接种适宜培养基通气培养,经甲醛溶液灭活,再加氢氧化铝胶制成。每毫升成品疫苗中 K88 纤毛抗原含量≥100 个抗原单位,K99 和 987P 两种纤毛抗原含量均≥50 个抗原单位,总菌数≤200 亿个。

【物理性状】 本品静置后分层,上层为白色澄明液体,下层为乳白色沉淀物,振摇混匀后呈均匀混悬液。

【作用与用途】 用于免疫健康的妊娠母猪,新生仔猪通过吮吸母猪的初乳而获得被动免疫,可预防仔猪黄痢。

【用法与用量】 肌内注射,健康妊娠母猪在分娩前 40 天和 15 天各注射 1 次,每次 2 毫升。有的厂家产品要求注射 5 毫升,具体剂量按产品说明进行。

【不良反应】 一般无可见的不良反应。

【注意事项】 ①仅接种健康猪群。②用前应使疫苗恢复至常温,充分摇匀。③疫苗切勿冻结,一经开瓶,须当日用完。④本品在运输过程中应避免日光照射。⑤仔猪出生后应吃足初乳,保持饲养环境卫生。⑥用过的疫苗瓶、器具和剩余的疫苗等应按法规进行消毒或焚烧处理,确保环境生物安全。

【贮藏与有效期】 在2℃～8℃条件下避光保存,有效期为12个月。

(5)猪水肿病多价油乳剂灭活疫苗

【主要成分】 采用抗原性良好的多株不同血清型大肠杆菌,经培养灭活,超滤浓缩后加油乳剂制成。

【物理性状】 呈乳白色液体,为油乳剂灭活疫苗。

【作用与用途】 用于预防仔猪水肿病。

【用法与用量】 肌内注射,母猪分娩前1个月注射2毫升,21～25日龄仔猪注射1毫升。

【不良反应】 接种后可能出现体温升高、厌食等症状。接种后应注意观察,出现过敏反应时应采取脱敏措施。

【注意事项】 ①本品严防冻结和高温,低于4℃易出现破乳现象。②用前使疫苗达到室温,并充分摇匀。③疫苗开封后,应在24小时内用完。④严重破乳分层后不能使用。⑤接种时,应执行常规无菌操作。⑥仔猪若无母源抗体,则免疫注射应提前到14～18日龄。⑦被接种的猪应健康,体质瘦弱或患病猪不能进行预防接种。

【贮藏与有效期】 在2℃～8℃条件下避光保存,有效期为12个月。

2. 导致猪大肠杆菌病免疫失败的原因分析 在猪大肠杆菌病的免疫预防中也会出现免疫失败的现象,出现这种情况的主要原因主要包括以下几点。

第一，疫苗管理不当，导致疫苗减效或失效。疫苗在贮存、运输以及保存过程中未严格按照生物制品的要求严格执行或疫苗失真空，致使疫苗效价降低或失效，达不到应有的免疫效力。

第二，接种剂量不准确。在疫苗接种过程中打"飞针"或接种手法不熟练，导致疫苗接种剂量不足，使接种后的猪体不能产生足够的保护性抗体，不能保护动物免受病原的感染，造成免疫失败。

第三，接种的疫苗株与当地流行的菌株血清型不同，不能产生有效的保护。

第四，猪群长期带菌，有的猪只是隐性感染，接种疫苗时没有认真观察猪群的健康状况，导致免疫失败。

第五，在注射疫苗过程中或前后，使用了添加抗菌药物的饲料等，影响了疫苗的免疫效果。

(十四)猪布鲁氏菌病疫苗

猪布鲁氏菌病(Porcine brucellosis)又称传染性流产，病原为布鲁氏菌，引起猪发病的包括猪布鲁氏菌、流产布鲁氏菌和马耳他布鲁氏菌。多发于3～4月份和7～8月份(产仔高潮季节)，是以猪全身感染从而导致繁殖障碍为主要特征的传染病。母猪比公猪易感，第一胎母猪发病率高，小猪对本病有抵抗力。性成熟后对本病敏感，阉割后的公、母猪感染率低。

布鲁氏菌病广泛分布于世界各地，我国至今仍有本病存在，因为猪布鲁氏菌病是人感染发病的主要传染源之一，且对人具有较强的致病性，因此猪布鲁氏菌病的防治不仅具有重要的经济意义，更具有重要的公共卫生意义。

病猪和带菌猪是本病的主要传染源，消化道是主要传播途径，其次是生殖道和皮肤、黏膜。病猪的肉和内脏也含有大量的病菌，易使工作人员受到感染，应提高警惕、予以重视。

猪布鲁氏菌病活疫苗

【主要成分】 布鲁氏菌猪型2号弱毒活菌株，接种适宜的培养基培养,收获菌体培养物加入适当的稳定剂,真空冷冻干燥制成。

【物理性状】 为白色或微黄色海绵状疏松团块,易与瓶壁脱离,加稀释液后迅速溶解。

【作用与用途】 用于预防猪布鲁氏菌病,口服免疫或注射免疫均可,免疫期为1年。

【用法与用量】

口服免疫:本疫苗最适于口服免疫,口服时不受是否妊娠的限制。可在配种前1~2个月进行,亦可在妊娠期间使用。猪口服2次,每次200亿个活菌,2次之间间隔1个月。若猪群数量较大,可按全群头数计算所需疫苗量,将疫苗溶入饮水中全群饮服或拌入饲料中采食。如果猪群数量不大,可逐头用注射器将疫苗注入口内,或将疫苗加入饮水中逐头灌服。

气雾免疫:气雾免疫不适用于妊娠母猪。使用时,以室内接种最为可靠,露天气雾免疫时应在避风处或无风天气进行。将猪群赶入室内,关闭门窗,按头数计算所需疫苗量,用蒸馏水将所需的疫苗做适当稀释进行气雾免疫,让猪群在室内停留20~30分钟,然后再打开门窗通风换气。

皮下注射免疫:用于非妊娠母猪,因为妊娠母猪注射可能会引起流产。皮下注射2次,每次200亿个活菌,中间间隔1个月。

【不良反应】 一般无可见不良反应。

【注意事项】 ①疫苗稀释后,限当日用完。②拌水饮服或灌服时,应注意用凉水。若拌入饲料中,应避免使用含有添加抗菌药物的饲料、发酵饲料或热饲料。猪在接种的前、后3天,应停止使用含有抗菌药物添加剂饲料和发酵饲料。③采用注射途径接种时,应做局部消毒处理。④本品具有一定的残余毒力,对人有一定的致病力,使用时应注意个人防护,不要用手拌苗。稀释和接种疫苗的用具,用后须煮沸消毒。饮水免疫用的水,可以用日光消毒。做气雾免疫时,宜在封闭室内进行,避免群众在墙外围观,工作人员要戴胶手套和口罩,工作完毕后,必要时服用四环素。⑤用过的疫苗瓶、器具和未用完的疫苗等应消毒处理,用过的木槽可以用日光消毒。

【贮藏与有效期】 在2℃~8℃条件下保存,有效期为12个月。

(十五)猪巴氏杆菌病疫苗

猪巴氏杆菌病(Porcine pasteurellosis)又称猪肺疫,病原为多杀性巴氏杆菌,以血清型5∶A和6∶B为多,其次也见8∶A、2∶D等血清型。国内分离于病猪群的多杀性巴氏杆菌以荚膜血清型B和A为主。本病的急性病例呈败血性变化,表现咽喉部急性肿胀和胸膜肺炎;慢性病例以慢性肺炎或慢性胃肠炎为特征。本病呈世界性分布,目前仍然是重要的猪细菌性传染病之一。本病虽发病率不高,但常继发其他传染病,造成巨大损失。

1. 猪巴氏杆菌病疫苗的种类及应用 目前用于预防猪巴氏杆菌病的疫苗有单苗和联苗2种。弱毒株主要有EO-630、697-230、C20等,强毒株有C44-1、C44-8等。采用弱毒菌株697-230和C20制成的活疫苗只能口服,由弱毒株EO-630制成的活疫苗适用于皮下或肌内注射。

(1)猪巴氏杆菌灭活疫苗

【主要成分】 本品系用猪源多杀性巴氏杆菌C44-1强毒菌株,接种于适宜的培养基培养,培养液经甲醛灭活后,加氢氧化铝胶制成。

【物理性状】 本品静置后上部为橙黄色透明液体,下部为灰白色沉淀,经充分振摇后呈均匀混浊状液体。

【作用与用途】 用于预防猪多杀性巴氏杆菌病,适用于健康猪的免疫接种,对于体质瘦弱、患有其他疾病以及初生仔猪不应注射本品。免疫期为6个月。

【用法与用量】 断奶后的猪只均采用皮下或肌内注射5毫升。

【不良反应】 通常无不良反应,但有个别猪只在注射局部会出现蚕豆大至核桃大的硬结,但对猪的健康没有影响。

【注意事项】 ①注意避免冻结,疫苗由冰箱中取出后应使其回温至室温方可使用,使用前将其充分摇匀,以免菌体分布不均,影响免疫接种的效力。②油乳剂灭活疫苗出现破乳、变色、有凝结块不易摇匀等情况,均不能使用。③注射器、针头等用具用前须经消毒,用过的器具、空瓶和胶塞等应及时煮沸消毒处理,严禁采用化学消毒剂。

(2)猪多杀性巴氏杆菌活疫苗

【主要成分】 本品是采用猪源多杀性巴氏杆菌弱毒菌株(EO-630 株、679-230 株、C20 株),接种适宜的培养基,将培养物加入适当稳定剂后,经冷冻真空干燥制成。

【物理性状】 本品为淡黄色疏松团块,加入稀释液后即溶解成均匀的混悬液。

【作用与用途】 用于预防猪巴氏杆菌病,只适用于健康猪只。断奶后 15 天以上的健康猪注射本品后约 7 天即可产生较强的免疫力,免疫保护期为 6～12 个月。

【用法与用量】 使用 679-230 菌株和 C20 菌株制备的疫苗时,要用专用稀释液或冷开水稀释,混于少量饲料内让猪采食,不论猪只大小,一律口服 1 头份。EO-630、TA53 株疫苗按使用说明书,加入氢氧化铝胶生理盐水稀释,2 月龄以上的猪皮下或肌内注射 1 毫升(含 1 头份)。

【注意事项】 ①本品在使用前应仔细检查,如发现疫苗瓶破裂、没有瓶签或瓶签不清楚、疫苗中混有杂质等情况以及已经过期或未在规定条件下保存的,均不能使用。②在注射前、后 1 周左右,不应给猪投喂或注射任何抗菌药物,以免影响免疫效果,否则要重新免疫。注苗后若发生反应,经治疗康复后,在康复后的第二周应再免疫 1 次。③疫苗应随用随稀释,稀释后的疫苗应放在冷暗处保存,每次吸取疫苗前要摇匀,并限在 4 小时内用完。④注射器、针头等用具用前必须消毒处理,注射局部也应消毒,确保每注射 1 头猪更换 1 次针头，防止交叉污染。

（3）猪丹毒、猪巴氏杆菌病二联灭活疫苗　详见猪丹毒防治用疫苗。

（4）猪瘟、猪巴氏杆菌病二联活疫苗　详见猪瘟防治用疫苗。

（5）猪瘟、猪丹毒、猪巴氏杆菌病三联活疫苗　详见猪瘟防治用疫苗。

2. 导致猪巴氏杆菌病免疫失败的原因分析　近年来，人们对猪巴氏杆菌病的防治工作比较重视，取得了一定的成效，但免疫失败现象仍时有发生，导致这种情况出现的原因可能有以下几点。

第一，养猪户大多采用联苗进行本病的免疫预防，在巴氏杆菌病的疫区，联苗的免疫预防效果不如单苗，因此最好在使用联苗免疫之后，追加 1 次单苗的加强免疫。

第二，疫苗的运输、保存和使用方法不当，导致疫苗失效或效力较弱，给猪只注射后，不能激发足够强的免疫应答，造成免疫失败。

第三，猪群患有隐性疾病或由于环境卫生较差，猪体处于亚健康状态，导致猪体对疫苗的免疫应答较低，不能产生足够多的抗体。或者在注射疫苗过程中或前后，使用了添加抗菌药物的饲料等，都会影响疫苗的免疫效果。

（十六）仔猪梭菌性肠炎疫苗

仔猪梭菌性肠炎（Clostridial enteritis of piglets）也称仔猪红痢，是由 C 型和（或）A 型产气荚膜梭菌引起的新生仔猪的一种高度致死性肠毒血症，以排出红色粪便，小肠黏膜弥漫性出血和坏死为特征。本病具有发病快、病程短、致死率高的特点，常造成初生仔猪整窝死亡，经济损失较大。

1. 仔猪梭菌性肠炎灭活疫苗

【主要成分】　用免疫原性良好的 C 型产气荚膜梭菌，接种于适宜培养基培养，将培养物经甲醛溶液灭活脱毒后，加入氢氧化铝胶制成。

【物理性状】 静置后,上层为橙黄色澄清液体,下层为灰白色沉淀,振荡后呈均匀的混悬液。

【作用与用途】 用于妊娠后期母猪的免疫注射,新生仔猪通过初乳而获得被动免疫,预防仔猪梭菌性肠炎。

【用法与用量】 肌内注射,母猪分娩前 35～40 天和 10～15 天各肌内注射,每次 5～10 毫升。如前胎已用过本疫苗,于分娩前 15 天左右注射 1 次即可,剂量为 3～5 毫升。

【不良反应】 一般无不良反应。

【注意事项】 ①本疫苗切勿冻结,冻结后严禁使用。②用时使疫苗温度升至室温,并充分摇匀,启封后应当天用完。③注射时应对局部消毒处理。④为确保仔猪获得免疫力,应使它们充分吸吮免疫母猪的初乳。⑤接种疫苗使用的注射用具、盛苗容器以及稀释后剩余的疫苗均应消毒处理。

【贮藏与有效期】 在 2℃～8℃条件下保存,有效期为 18 个月。

2. 仔猪产气荚膜梭菌病二价灭活疫苗

【主要成分】 本品是用 A 型、C 型产气荚膜梭菌,分别接种于适宜培养基中培养,将培养物经甲醛溶液灭活脱毒后,用硫酸铵提取,经冷冻真空干燥制成。

【物理性状】 为黄褐色海绵状疏松团块,加稀释液后迅速溶解。

【作用与用途】 预防 A 型、C 型产气荚膜梭菌引起的仔猪肠毒血症,用于妊娠后期母猪的免疫注射,使新生仔猪通过初乳而获得母源抗体。

【用法与用量】 肌内注射,按瓶签标明头份,用摇匀的 20% 氢氧化铝胶生理盐水或生理盐水稀释,充分摇匀,母猪在分娩前 35～40 天和 10～15 天各接种 1 次,每次 2 毫升。

【注意事项】 ①仅用于接种健康妊娠母猪。②氢氧化铝胶生理盐水不得冻结。③稀释后应充分摇匀,限当日用完。④为确保仔猪获得免疫力,应使它们充分吸吮免疫母猪的初乳。⑤接种时使用的注射用具、盛苗容器以及稀释后剩余的疫苗必须消毒处理。

【贮藏与有效期】 在2℃～8℃条件下保存,有效期为36个月。

3. CR型仔猪腹泻混合疫苗

【主要成分】 选用大肠杆菌、C型魏氏梭菌及其毒素和轮状病毒等菌、毒种,分别用适宜的方法培养,按适当配比混合并加入稳定剂后,冷冻真空干燥制成。

【物理性状】 本品为浅黄白色海绵状疏松团块,稀释溶解后呈淡粉红色均质液体。

【作用与用途】 预防大肠杆菌、C型魏氏梭菌及其毒素和轮状病毒引起的腹泻病。

【用法与用量】 母猪分娩前6～7周肌内注射2毫升(1头份),3～4周后每头再肌内注射2毫升(1头份),可预防大肠杆菌、C型魏氏梭菌及其毒素和轮状病毒感染引起的仔猪腹泻。

【注意事项】 ①本品为弱毒活疫苗,在运输、保存、使用过程中要避免阳光、高温、消毒剂等化学药品的影响。②启封稀释后当天尽快用完,不能久存,剩余的稀释疫苗经消毒后废弃。③仔猪腹泻病因十分复杂,疫苗免疫期间应做好类症鉴别以及细菌性、寄生虫性和猪流行性腹泻等腹泻病的控制。④应在当地兽医正确指导下使用。

【贮藏与有效期】 在－20℃以下条件下避光保存,有效期为12个月。

4. CRT型仔猪腹泻混合疫苗

【主要成分】 选用大肠杆菌、C型魏氏梭菌及其毒素、轮状病毒和传染性胃肠炎病毒等菌、毒种,分别用适宜方法培养,经适当配比并加入稳定剂后,经冷冻真空干燥制成。

【物理性状】 为浅黄白色海绵状疏松团块,稀释溶解后呈淡粉色均质液体。

【作用与用途】 预防大肠杆菌、C型魏氏梭菌及其毒素、轮状病毒和传染性胃肠炎病毒引起的仔猪腹泻。

【用法与用量】 母猪分娩前6～7周肌内注射2毫升(1头份),首免后3～4周再肌内注射2毫升(1头份)。

【注意事项】 同CR型仔猪腹泻混合疫苗。

【贮藏与有效期】 在－20℃以下条件下避光保存,有效期为12个月。

5. C型仔猪腹泻混合疫苗

【主要成分】 选用大肠杆菌、C型魏氏梭菌及其毒素等菌、毒种,分别用适宜方法培养,经适当配比并加入稳定剂后,冷冻真空干燥制成。

【物理性状】 本品为浅黄白色海绵状疏松团块,稀释溶解后呈淡粉色均质液体。

【作用与用途】 预防大肠杆菌、C型魏氏梭菌及其毒素引起的仔猪腹泻。

【用法与用量】 母猪分娩前6～7周皮下注射2毫升(1头份),首免后3～4周,再皮下注射2毫升(1头份)。

【注意事项】 同CR型仔猪腹泻混合疫苗。

【贮藏与有效期】 在－20℃以下条件下避光保存,有效期为12个月。

6. 仔猪C型产气荚膜梭菌病、大肠杆菌病二联灭活疫苗

【主要成分】 每头份疫苗中含大肠杆菌K88、K99、987P、F41各抗原至少1相对效力单位、LTB亚单位抗原至少50微克、产气荚膜梭菌毒素抗原至少10单位和氢氧化铝佐剂12%。

【物理性状】 乳白色乳剂,久置后上层有少量水。

【作用与用途】 用于接种健康妊娠母猪和青年母猪,通过母源抗体使仔猪获得被动保护力,预防大肠杆菌引起的仔猪腹泻和C型产气荚膜梭菌引起的仔猪红痢。

【用法与用量】 皮下或肌内注射,每头猪2毫升(1头份)。未曾接种过的健康妊娠母猪,在分娩前接种2次,间隔3周,第二次加强免疫应在分娩前至少 2 周进行。曾经接种过的妊娠母猪，在每次分娩前至少 2 周再接种 1 次。

【不良反应】 接种后可能出现过敏反应，建议用肾上腺素进行解救，同时采用适当的辅助治疗措施。

【注意事项】 ①勿冻结，长时间暴露在高温下会影响疫苗效力，使用前应充分振摇。②开启疫苗瓶后应一次用完，接种时应使用灭菌注射器和针头，屠宰前 21 天内禁止使用。③本品在健康动物中的效果已经得到了证实，但动物正处于潜伏感染期、营养不良、感染寄生虫、运输或环境条件引起应激、免疫功能减退或未按照使用说明使用时，都将有可能不产生保护性免疫反应。

【贮藏与有效期】 在 2℃～7℃条件下保存，有效期为 18 个月。

（十七）猪链球菌病疫苗

链球菌病主要是由 β 溶血性链球菌引起的人兽共患病的总称。动物链球菌病中以猪、牛、羊、马和鸡较常见。链球菌在自然界中分布广泛、种类繁多，分为有致病性和无致病性两大类。根据兰氏（Lancedield）血清学分类法，将链球菌分为 20 个血清群，分别以字母 A、B、C……V（I、J 除外）表示。

猪链球菌病（Swine streptococcosis）是由 C 群、D 群、E 群、L 群链球菌和猪链球菌（R 群）引起的猪的疫病的总称。其中，猪链球菌是世界范围内引起猪链球菌病最主要的病原。该菌可引起脑膜炎以及败血症等疫病，人通过特定的传播途径亦可感染该菌。目前，猪链球菌已经鉴定出 35 个荚膜血清型，其中 2 型流行最广，致病性最强。

1. 猪链病疫苗的种类及应用 目前较多使用猪败血性链球菌病活疫苗（ST171 株），预防 C 群猪链球菌病有很好的效果，而对一些血清型流行比较复杂的地区可考虑使用猪链球菌多价灭活疫苗。猪败血性链球菌病活疫苗一般在仔猪断奶前使用，应严格按照说明书规定的剂量使用，不宜加大用量。猪链球菌病多价灭活疫苗可根据疾病的流行情况确定是否免疫和免疫时间。

(1)猪败血性链球菌病活疫苗

【主要成分】 本品用猪链球菌弱毒菌株(ST171株),接种适宜培养基培养,然后在培养菌液中加入适当稳定剂,经冷冻真空干燥制成。每头份活菌数(注射用)≥0.5亿个。

【物理性状】 本品为灰白色或淡棕色海绵状疏松团块,易与瓶壁脱离,加稀释液后迅速溶解。

【作用与用途】 用于预防猪败血性链球菌病,免疫期为6个月。适用于健康猪,对体质瘦弱、患有其他疾病者以及初生仔猪不应注射。

【用法与用量】 皮下注射或口服。按瓶签注明头份,加入20%氢氧化铝胶生理盐水或灭菌生理盐水稀释溶解,每头皮下注射1毫升(含1头份)或口服4毫升(含1头份)。

【注意事项】 ①须冷藏运输。②本疫苗一经开启,应放于冷暗处,再次取用疫苗前摇匀,并限在4小时内用完。③注射时,局部应做消毒处理。④本疫苗口服时拌入凉饲料中饲喂,确保每头猪都能吃到口服疫苗,禁用热食、酒糟发酵饲料混拌疫苗。口服前猪只应停食、停水3~4小时。⑤使用本疫苗前、后1周内,均不应饲喂或注射任何抗菌药物,以免影响免疫效果。⑥用过的疫苗瓶、器具和未用完的疫苗等应进行消毒处理后再废弃。⑦应按规定剂量进行接种,不得随意增减使用剂量。

【贮藏与有效期】 于2℃～8℃条件下保存,有效期为12个月;于-15℃以下条件下保存,有效期为18个月。本疫苗在运输和使用时,必须放在装有冰块的冷藏容器内,切忌阳光照射和高温。

(2)猪链球菌病灭活疫苗

【主要成分】 本品用猪源C群链球菌强毒和2型猪链球菌,分别在适宜培养基中培养,经灭活后混合精制而成。

【物理性状】 外观为淡棕红色混浊悬浮液,静置后会有灰色沉淀。静置后会出现分层,振摇后即为均匀混悬液。

【作用与用途】 用于预防同型猪 C 群链球菌病和 2 型猪链球菌病,可显著降低发病率和死亡率。适用于健康猪,对体质瘦弱、患有其他疾病者以及初生仔猪不应注射。

【用法与用量】 肌内注射,用前充分摇匀,仔猪每次接种 2 毫升,母猪每次接种 3 毫升。仔猪在 21～28 日龄首免,首免后 20～30 天做第二次接种。母猪首次使用本疫苗时,于分娩前 45 天首免,分娩前 30 天按同样剂量进行第二次免疫,以后每胎分娩前 30 天免疫 1 次。

【注意事项】 ①本品在使用前应仔细检查,如发现疫苗瓶破裂、没有瓶签或瓶签不清楚、疫苗液变色或霉变、混有杂物等均不得使用。②本品只适用于健康猪。③疫苗分层属正常现象,使用前应使疫苗恢复至室温,用时摇匀,一经开瓶当天用完。④疫苗严禁冻结,启封后应置于冷暗处存放。⑤注射器、针头等用具以及注射部位应消毒,每注射 1 头猪须更换针头。⑥接种后剩余疫苗、空瓶、稀释和接种用具等应消毒。

【贮藏与有效期】 在 2℃～8℃条件下保存,有效期为 12 个月;在 -15℃以下条件下保存,有效期为 18 个月。

2. 导致猪链球菌病免疫失败的原因分析 由于引起猪链球菌病的病原菌菌株型很多,而且发病对象广泛,易形成交叉感染,给防治工作带来极大困难。如果免疫预防使用的疫苗菌株与疾病流行菌株不同,容易引起免疫失败。此外,接种链球菌活疫苗前后如使用过抗菌药物,也会大大降低疫苗的免疫效果,免疫程序不合理也会导致免疫失败。

(十八)猪传染性萎缩性鼻炎疫苗

猪传染性萎缩性鼻炎(Porcine infectious atrophic rhinitis,AR)又称地方流行性萎缩性鼻炎,是由支气管败血波氏杆菌和产毒素多杀性巴氏杆菌引起猪的一种细菌性、广泛流行的慢性传染病。主要特征性病变为鼻炎、鼻梁变形和鼻甲骨发生萎缩、变形、生长迟缓。临床表现为打喷嚏、鼻塞、流鼻液、鼻出血、颜面部变形或歪斜，常见于2～5月龄猪。

本病多为散发，发病率和死亡率均低，但普遍发生在集约化养猪场中。本病发生无明显的季节性，各品种、性别、年龄的猪只均可感染，以哺乳仔猪感染为主，影响仔猪生长发育，导致增重迟滞，延长出栏时间，降低饲料转化率，给养猪场造成较大的经济损失。

1. 猪传染性萎缩性鼻炎疫苗的种类及应用

(1)猪传染性萎缩性鼻炎灭活疫苗

【主要成分】　本品含灭活的支气管败血波氏杆菌（Ⅰ相A504株）。

【物理性状】　本品为乳白色乳剂，无变色和破乳现象。长期保存时，表面可能有透明油层，瓶底部无游离抗原及其他沉淀，振摇时易流动，在瓶壁和乳剂内无凝结团块物，表面油层在振摇时消失，恢复成均匀的乳剂。

【作用与用途】　预防猪传染性萎缩性鼻炎。

【用法与用量】　在商品猪场，以吸吮初乳获得被动免疫力预防仔猪发生鼻腔病变为主，即在分娩前1个月对妊娠母猪颈部皮下注射疫苗2毫升，通过初乳预防仔猪发生传染性萎缩性鼻炎。

在种猪场，以被动免疫结合主动免疫（即母仔免疫）预防支气管败血波氏杆菌感染仔猪为主。妊娠母猪的免疫方法同商品猪场，对免疫母猪所生仔猪于7日龄和21～28日龄时分别颈部皮下注射0.2毫升和0.4毫升。同时，每个鼻孔滴入不加佐剂的菌液，7日龄时各0.25毫升（含50亿个菌），21～28日龄时各0.5毫升（含100亿个菌）。不加佐剂的菌液在临用前将原苗用含有0.01％硫柳汞的灭菌磷酸盐缓冲液稀释为含200亿个/毫升的菌液。

【不良反应】　个别敏感猪可能会发生过敏反应，可应用抗过敏药物治疗。注射局部可能出现肿胀，但短期内可消退。

【注意事项】　本品仅用于接种健康猪。严禁冻结或过热，如疫苗冻结、破乳或变色，应废弃。接种时，应严格执行无菌操作。

应确保每头初生仔猪吃足初乳,以获得充分的被动免疫力。

【贮藏与有效期】 在2℃～8℃条件下避光保存,有效期为12个月。

(2)猪传染性萎缩性鼻炎二联油乳剂灭活疫苗

【主要成分】 本品系用支气管败血波氏杆菌Ⅰ相菌株和D型多杀性巴氏杆菌菌株,分别接种适宜培养基培养后,经灭活、浓缩后按比例配制,再加油佐剂乳化制成。

【物理性状】 本品为乳白色乳剂,为油包水型。久置后可有少许沉淀,上部有清亮的油层析出,振摇后为均质。

【作用与用途】 用于各种健康猪群的免疫接种,可预防传染性萎缩性鼻炎。

【用法与用量】 经过基础免疫(于耳后颈部皮下注射1毫升)的妊娠母猪,均在每次分娩前1个月颈部皮下注射2毫升。所产仔猪在1周龄免疫时,用稀释的疫苗滴鼻免疫,每侧鼻孔0.25毫升;1月龄加强免疫1次,每侧鼻孔滴0.5毫升。同时,颈部皮下注射油乳剂灭活疫苗0.2毫升;或于3～4周龄时皮下注射0.5毫升,在猪只转群或出售前2周再加强免疫1次。种公猪每年免疫2次。

【不良反应】 在注射部位有时可能触摸到皮下硬肿,短期内可消退。

【注意事项】 ①本品仅用于接种健康猪。②防止冻结,使用前将疫苗回温至室温。③使用前请先摇匀。④请在兽医指导下使用。⑤按常规无菌操作注射疫苗。⑥剩余的疫苗、疫苗瓶以及器具按法规要求消毒或焚烧处理。

【贮藏与有效期】 保存于2℃～8℃的环境中,避免光照,有效期12个月。在25℃～31℃条件下保存,有效期1个月。本品在运输和使用时,必须放在装有冰块的冷藏容器内。

2. 导致猪传染性萎缩性鼻炎免疫失败的原因分析 近年来,猪传染性萎缩性鼻炎在国内规模化养猪场中呈现广泛流行的趋势,危害也日渐严重,使人们对本病重视程度不断提高。本病主要是由于引种过程中没有进行严格检疫,致使引进的种猪携带病菌,造成原本清洁的猪场感染本病。因此,在引种过程中一定要进行严格的检疫工作,杜绝外来病原微生物的进入。

此外,疫苗失效、接种操作不当、免疫程序不合理等都可能导致免疫失败。猪群饲养管理水平的高低和营养状况的好坏也会影响猪体的免疫应答能力,如果条件较差,猪体的免疫应答水平较低,这时接种疫苗,便会导致免疫失败。

(十九)猪支原体肺炎疫苗

猪支原体肺炎又称猪地方流行性肺炎(Swine enzootic pneumonia)、猪气喘病、猪喘气病,是由猪肺炎支原体引起的一种慢性、接触性呼吸道传染病。本病的主要临床症状是咳嗽和气喘。病变一般只限于肺,以心叶和尖叶最为常见。

我国大部分猪场都有本病的存在,具有发病率高的特点,一旦发病很难彻底根除。有支原体猪肺炎的猪场会发生重复感染,尤其是在饲养密度高的猪场,发病率可达 50% 左右,虽然本病的死亡率不高,但若猪场饲养管理不良,引起继发感染时会造成大量死亡。感染猪发育迟缓,饲料转化率降低,出栏推迟,由本病引起的直接和间接经济损失较为严重。

1. 猪支原体肺炎疫苗的种类及应用

(1)猪支原体肺炎活疫苗

【主要成分】 采用猪肺炎支原体兔化弱毒株接种无特定病原鸡胚或乳兔,经组织培养,收获鸡胚卵黄囊或乳兔肌肉制成乳剂,加入适当的稳定剂,经冷冻真空干燥制成。

【物理性状】 本品鸡胚苗为淡黄色,乳兔苗为淡红色,均为海绵状疏松团块,易与瓶壁脱离,加稀释液后迅速溶解。

【作用与用途】 用于预防猪支原体肺炎,健康猪注射本品后7 天左右可产生较强的免疫力,免疫期为 6 个月。

【用法与用量】 右侧胸腔内注射,在肩胛骨后缘 3～6 厘米处两骨间进针,如碰到肋骨,可将针头稍向前或向后移动,一旦刺透胸壁即可注射。按瓶签注明头份,每头份用 5 毫升无菌生理盐水稀释。每头注射 5 毫升,适用于无临床症状的种猪和新生仔猪。种猪每年接种 1～2 次,仔猪在 15～30 日龄时接种。

【不良反应】　个别种猪或个别窝仔猪在接种疫苗后 30 分钟内可能出现呼吸急促或呕吐等过敏反应,应立即注射肾上腺素,每头 1 毫升。

【注意事项】　①应置于低温条件下贮存和运输,稀释后的疫苗应置于冰浴中,稀释后应一次用完。②注射疫苗前 3 天和后 30 天内禁止使用土霉素、卡那霉素、泰乐菌素等抗菌药物以及含以上药物的配合饲料,以免影响免疫效果。③疫苗注入肌肉会导致免疫失败,故应选用合适的针头进行接种。种猪应用长约 10 厘米的 12 号针头,仔猪应用 8 号或 9 号针头。④接种时应执行无菌操作,注射局部应消毒处理,注射过程中确保 1 头猪使用 1 根针头。⑤应对所有健康种猪进行接种。⑥本品应随用随稀释,稀释后的疫苗应放冷暗处,每次吸取疫苗前应振摇均匀,并限在 4 小时内用完。⑦用过的疫苗瓶、器具和稀释后剩余的疫苗等进行消毒处理后方可废弃。

【贮藏与有效期】　在－15℃以下条件下保存,有效期为 11 个月;在 2℃～8℃条件下保存不超过 30 天;在 25℃条件下保存,有效期为 7 天。本品应保存于低温冷暗处,在运输和使用时,必须放在有冰块的冷藏箱内,严禁日光照射和高温。

(2)猪支原体肺炎灭活疫苗

【主要成分】　采用猪肺炎支原体毒株在适宜培养基中培养,经灭活剂灭活后,加佐剂制成。

【物理性状】　外观为淡棕色悬浮液,静置后有灰色沉淀。

【作用与用途】　用于预防猪肺炎支原体,大小仔猪以及妊娠 2 个月以内的母猪均可使用。接种疫苗后 21 天可产生坚强免疫力,免疫持续期为 4～6 个月。

【用法与用量】 用前充分摇匀,胸腔注射,每头注射5毫升。

【注意事项】 ①本品严禁冻结,疫苗启封后,应置于冷暗处保存,并限在4小时内用完。②在使用前应仔细观察,发现疫苗瓶破裂,没有瓶签或瓶签不清楚,疫苗液变色、霉变或已经超过有效期者严禁使用。③注射器、针头等用具用前须经消毒,注射局部也应消毒处理。注意更换针头。用过的器具、空疫苗瓶和瓶塞等应及时煮沸消毒处理。

【贮藏与有效期】 在2℃～8℃阴暗处保存,有效期为12个月;在25℃～30℃阴暗处保存,有效期为6个月。

2. 导致猪支原体肺炎免疫失败的原因分析 本病在我国大部分猪场广泛分布,发病率一般在50%左右。由于本病的发生与环境因素有很大的关系,因此单纯进行免疫预防很难达到控制本病的效果,应采取综合防治措施。此外,在疫苗注射前3天和注射后30天内禁止使用土霉素、卡那霉素和对猪肺炎支原体有抑制作用的药物。另外,由于本病的疫苗均采用胸腔注射,注射剂量或部位不确实,也会导致免疫失败。

(二十)仔猪副伤寒疫苗

猪副伤寒(Swine paratyphoid)是由猪霍乱沙门氏菌引起的急性、亚急性或慢性传染病。它是一种条件性传染病,主要侵害2～4月龄的仔猪,又称仔猪沙门氏菌病。急性型呈败血症变化,慢性型表现为消瘦和坏死性肠炎。

本病在各地猪场均有发生,尤其在饲养卫生条件差的猪场常发,病猪表现为生长迟缓,饲料利用率降低,给养猪场造成经济损失。同时,许多沙门氏菌是人兽共患病的病原,因此本病的防治具有公共卫生意义。

1. 仔猪副伤寒疫苗的种类及应用

仔猪副伤寒活疫苗

【主要成分】 仔猪副伤寒活疫苗系用免疫原性良好的猪霍乱

沙门氏菌 C500 弱毒株,接种于适宜培养基培养,收获培养物加适当稳定剂,经冷冻真空干燥制成。

【物理性状】 为灰白色海绵状疏松团块,易与瓶壁脱离,加稀释液后迅速溶解。

【作用与用途】 本品用于预防仔猪副伤寒。

【用法与用量】 本疫苗适用于 1 月龄以上的健康哺乳仔猪或断奶仔猪。按瓶签注明的头份口服或注射,但瓶签注明限于口服时不得注射。

口服法:按瓶签规定的头份数,临用前以冷开水或井水稀释配成每头猪 5～10 毫升的菌液,均匀地拌入少量新鲜冷精饲料中,让猪自由采食。也可稀释成每头猪 1～10 毫升菌液给猪灌服。

注射法:按瓶签规定的头份数,用 20% 氢氧化铝胶生理盐水稀释,按每头份 1 毫升将疫苗稀释,于猪耳后浅层肌内注射。

【不良反应】 注射本苗时有些猪反应较大,有的仔猪注射 30 分钟后会出现体温升高、发抖、呕吐和减食等症状,一般 1～2 天后即可自行恢复。注射本苗后,反应严重的仔猪可注射肾上腺素治疗。口服本苗无不良反应或反应轻微。

【注意事项】 ①瓶签上注明限口服者,不能用于注射。②本品应随用随稀释,稀释后的疫苗应放冷暗处,每次吸取疫苗前应振摇使其混合均匀,稀释后的疫苗限 4 小时内用完。③凡已患有仔猪副伤寒或其他疾病以及体弱仔猪,均不宜注射本苗。④有猪疫病流行的地区不宜注射本苗。⑤对仔猪副伤寒的常发猪场或地区,可实行断奶前、后各免疫 1 次的办法,其间隔时间为 3～4 周。⑥口服时,最好在喂食前先喂给拌苗的饲料,以使每头猪都能吃到,禁用热食、酒糟、发酵饲料拌苗。⑦本品使用前、后 10 天应停止使用抗菌药物,否则应在用药完毕后重新免疫注射 1 次。⑧注射器、针头等用具以及注射局部应消毒处理,每注射 1 头猪更换 1 根针头。⑨本品为活疫苗,在操作时应注意防止活菌散布,用过的器具、空疫苗瓶和瓶塞等都必须消毒。

【贮藏与有效期】 本品在−15℃条件下保存,有效期为 12 个月;在 2℃～8℃条件下保存,有效期为 9 个月;在 25℃～30℃阴暗处保存,有效期不超过 10 天。

2. 导致仔猪副伤寒免疫失败的原因分析 由于沙门氏菌广泛存在,且猪场带菌现象非常普遍,致使本病的防治十分困难。环境条件改变或卫生条件较差都会导致猪群健康状况降低,此时本病很容易发生。此外,在注射疫苗的前后,不能使用含有抗菌药物的饲料,否则也会导致免疫失败。同时,由于不同的猪场沙门氏菌的污染程度不同,不能完全照搬其他猪场的免疫程序,要根据本场的实际情况,针对本病的污染状况进行免疫,只有这样才能避免出现免疫失败。

(二十一)猪传染性胸膜肺炎疫苗

猪传染性胸膜肺炎(Porcine contagious pleuropneumonia)是猪的一种高度接触性传染性呼吸道疾病,以出血性坏死性肺炎和纤维素性胸膜肺炎为特征。因本病传播是通过猪只之间的密切接触为主要方式,世界上凡养猪业发达的国家均有存在。本病主要发生于 6～20 周龄的生长猪和肥育猪,在猪群中急性暴发可引起病死率和医疗费用急剧上升,慢性感染群则因生长率和饲料报酬降低,造成严重的经济损失。本病的病原是胸膜肺炎放线杆菌,该菌主要定居于呼吸道,具有高度的宿主特异性。

1. 猪传染性胸膜肺炎疫苗的种类及应用 胸膜肺炎放线杆菌有 12 个血清型,我国主要有 2 型、3 型、4 型、5 型、7 型、8 型等 6 个主要的血清型菌株,其中以 7 型为主,4 型次之。由于各血清型之间无交叉保护性或保护性较弱,因此给防疫工作带来了很大的困难。最近几年,不少猪场发生本病,但很多养猪户对本病了解不多,往往把猪传染性胸膜肺炎误诊成猪瘟、猪巴氏杆菌病、猪支原体肺炎等,结果由此造成了很大的经济损失。

猪传染性胸膜肺炎三价灭活疫苗

【主要成分】 本品系用血清1型、2型和7型胸膜肺炎放线杆菌经适宜培养基培养,收获菌液,经甲醛灭活、浓缩后,加矿物油佐剂配制而成。按活菌计数法每种菌的CFU含量均$\geqslant 5 \times 10^8$/毫升。

【物理性状】 呈乳白色悬液状乳剂,为油包水型。久置后可有少许沉淀,振摇后为均质。

【作用与用途】 适用于各种健康猪的免疫,用于预防1型、2型和7型胸膜肺炎放线杆菌引起的猪传染性胸膜肺炎。免疫期为6个月。

【用法与用量】 使用前将疫苗恢复至室温并充分摇匀。颈部肌内注射,每头份2毫升。仔猪35~40日龄进行第一次免疫接种,首免后4周加强免疫1次。妊娠母猪在分娩前6周和2周各注射1次,以后每6个月免疫1次。种公猪每年注射2次,每次2毫升。

【不良反应】 注射局部可能出现肿胀,短期内可消退。一般情况下有轻微体温反应,但不引起流产、产死胎和畸形胎等不良反应,由于个体差异或者其他原因(如营养不良、体弱发病、潜伏感染、感染寄生虫、运输或环境应激、免疫功能减退等),个别猪在注射后可能出现过敏反应,可应用抗过敏药物(如地塞米松、肾上腺素等)治疗,同时采用适当的辅助治疗措施。

【注意事项】 ①本品在使用前应仔细检查,如发现冻结、破乳、没有标签或瓶签不清楚、疫苗中混有杂质等情况以及已经过期或失效的疫苗均不能使用。②本品注射前应了解当地确无疫病流行,被接种的猪一定是健康的,对体质瘦弱、患有其他疾病以及初生仔猪不应注射。③为减少局部反应,使用前应使疫苗达到室温,用前充分摇匀,疫苗瓶开封后应于当日用完。④注射器、针头等用具以及注射局部均应消毒处理,每注射1头猪更换1根针头,用过的器具、空疫苗瓶和瓶塞等应及时消毒处理。⑤对于暴发本病的猪场,应选用敏感药物拌料、饮水或注射,疫情控制后再全部注射疫苗。⑥疫苗注射后,个别猪可能会出现体温升高、减食、注射部位红肿等不正常反应,一般很快自行恢复。

【贮藏与有效期】 在2℃~8℃条件下避光保存,有效期为12个月。本品在运输和使用时,必须放在有冰块的冷藏容器内,切忌日光照射和高温。

2. 导致猪传染性胸膜肺炎免疫失败的原因分析 由于胸膜肺炎放线杆菌普遍存在且有多个血清型,不同血清型之间交叉免疫保护作用较弱,如果所注射的疫苗株血清型与当地流行菌株血清型不一致,势必会导致免疫失败。此外,猪传染性胸膜肺炎在我国规模化养猪场中感染率较高,很多猪群在接种疫苗之前就已经被感染,此时仍按健康猪场免疫程序进行免疫,不但会导致免疫失败,而且会导致严重的接种反应。再次,目前本病往往与其他一种或多种传染病混合感染,如与大肠杆菌病、巴氏杆菌病、链球菌病混合感染或与猪瘟、猪圆环病毒病、猪繁殖与呼吸综合征混合感染等,都会导致病情复杂,只用一种疫苗进行免疫防治往往很难达到预期效果。

(二十二)副猪嗜血杆菌病疫苗

副猪嗜血杆菌病(Haemophilus parasuis, Hps)是由副猪嗜血杆菌引起猪的多发性浆膜炎和关节炎,临床上病猪主要表现为发热、咳嗽、呼吸困难、消瘦、跛行、共济失调和被毛粗乱等。病理变化主要表现为胸膜炎、肺炎、心包炎、腹膜炎、关节炎和脑膜炎等。此外,副猪嗜血杆菌还可引起败血症,并且可能留下后遗症,即母猪流产、公猪慢性跛行等。本病于1910年由革拉斯(GLÄSSER)首次报道,因此又称革拉斯氏病(GLÄSSER's disease, GD),呈世界性分布,我国部分规模化猪场也分离到该菌,给养猪场造成一定的经济损失。

副猪嗜血杆菌是上呼吸道的常在菌,但在一定条件下它可侵入机体并引起严重的全身性疾病,如纤维素性多发性浆膜炎、关节炎和脑膜炎。本病普遍存在于多个猪场,并与多种疾病混合感染。目前本病有 15 个血清型,另有 20％以上的分离株为不可定型血清型。各血清型菌株之间的致病力存在极大差异,其中血清 1 型、5 型、10 型、12 型、13 型、14 型毒力最强,其次是血清 2 型、4 型、8 型、15 型,血清 3 型、6 型、7 型、9 型、11 型的毒力较弱。另外,副猪嗜血杆菌还具有明显的地方性特征,相同血清型的不同地方分离株可能毒力不同,从而使本病的防治难度加大。

1. 副猪嗜血杆菌病疫苗的种类及应用 目前市场上主要有 3 家公司生产副猪嗜血杆菌病疫苗,分别是勃林格、海博莱和武汉科前。其中武汉科前采用的疫苗株为国内分离株,血清型和流行毒株更匹配。海博莱是一家西班牙公司,疫苗均需进口。勃林格生产的副猪嗜血杆菌疫苗主要用于母猪防疫。

近年来,副猪嗜血杆菌病不断发生,其危害也在日益增重,使人们开始重视本病的免疫预防工作。专家指出,副猪嗜血杆菌是否可以在动物群中进行普遍免疫,要根据当地或本场副猪嗜血杆菌病的发病情况而定。如果当地或本场无副猪嗜血杆菌病流行,则不必注射副猪嗜血杆菌病疫苗。一旦注射了疫苗还容易将副猪嗜血杆菌扩散到无本病的猪场,导致本病在猪场暴发。若当地或本场有副猪嗜血杆菌病的发病记录,则应进行副猪嗜血杆菌病的免疫预防工作,但在免疫接种前要做好潜伏期副猪嗜血杆菌病的净化工作,以免在疾病的潜伏期暴发本病。净化工作不仅能提高免疫的安全性,还有助于提高抗体水平,获得确切的免疫效果。

副猪嗜血杆菌病灭活疫苗

【主要成分】 含灭活的副猪嗜血杆菌 SV-1 株和副猪嗜血杆菌 SV-6 株,灭活前副猪嗜血杆菌 SV-1 株活菌数至少为 2×10^9 个/头份,灭活前副猪嗜血杆菌 SV-6 株活菌数至少为 2×10^9 个/头份。

【物理性状】 白色均匀混悬液。

【作用与用途】 用于预防副猪嗜血杆菌病。

【用法与用量】 颈部肌内注射,不同体重、年龄、性别的猪只均适用,每头 2 毫升。

【不良反应】 在敏感个体上有时会出现过敏性反应,应及时进行合理的治疗。

【注意事项】 ①在妊娠和哺乳期内都可以进行免疫。②建议注射前将疫苗升温至 15℃～25℃。③使用前摇匀。

【贮藏与有效期】 在 2℃～8℃条件下保存,有效期为 24 个月。

2. 导致副猪嗜血杆菌病免疫失败的原因分析 原因可能有两方面:一是副猪嗜血杆菌的血清型太多,甚至还有很多菌株不能定型,毒力差异比较大,毒力因子又不太清楚,出现田间流行的致病菌株与疫苗株不同,且猪群中甚至每头猪中存在不止一种菌株或血清型,因而缺乏交叉保护;二是可能后来猪群中又出现了新的菌株而导致疫苗免疫失去效力,所以疫苗免疫失败很常见。

尽管接种副猪嗜血杆菌病商业疫苗和特异性疫苗可以有效地控制本病的发生,但猪群发病时,往往是副猪嗜血杆菌与其他细菌、病毒的混合感染,特别是当副猪嗜血杆菌和猪繁殖与呼吸综合征病毒或猪瘟病毒等混合感染时,会导致疫苗免疫失败。要清楚地认识到副猪嗜血杆菌病是多种因素相互作用的结果,包括传染病病原、猪群抵抗力、猪场饲养管理状况以及药物等众多因素。其中猪场的饲养管理水平是决定猪群发病率高低的关键因素。猪场只要建立完善的生物安全体系,加强和改善饲养管理,进行合理的免疫接种和药物保健,就能有效防止副猪嗜血杆菌病的发生,同时可防止其他疫病的发生。

第四章　猪常用抗血清的合理使用

　　抗血清又称高免血清或抗病血清,是一种含有高效价特异性抗体的动物血清。抗血清包括抗毒素血清、抗细菌血清和抗病毒血清。两个世纪前,人们就已经开始使用抗血清治疗白喉。经过200多年的发展,人们已经可以通过各种免疫手段来获得针对毒素、病毒、细菌乃至癌细胞的特异性抗体。我国对抗血清的研究利用也比较早。20世纪初,我国第一家血清所——青岛商品检验局血清所建立,一直到抗日战争暴发前20年中,研究和生产了多种兽用抗血清,如牛瘟抗血清、猪瘟抗血清、猪巴氏杆菌病抗血清、牛出血性败血症抗血清、禽霍乱抗血清、猪丹毒抗血清等。新中国成立后,经过60多年的发展,抗血清的研究和应用已经相当成熟。

　　根据《中华人民共和国兽药典》(以下简称《兽药典》)可知,国家已经批准生产应用的抗血清有抗气肿疽血清、抗炭疽血清、抗绵羊痢疾血清、抗猪羊多杀性巴氏杆菌病血清、抗猪瘟血清、破伤风抗毒素、抗猪丹毒血清等,还有抗犬瘟热血清、抗细小病毒病血清等"非兽药典"产品。但是相对于人的治疗性抗体产品,动物的抗血清产品显得相对不足。

一、抗血清的作用、应用范围及使用时的注意事项

(一)抗血清的作用

　　特异性抗血清可提供相应疫病短期(1～2周)的被动免疫,广泛使用于疫病早期治疗和疫病流行早期对未感染动物的短期预防,也可抑制引起器官移植死亡的淋巴细胞活动,特异性抗血清还

可用于疾病诊断与微生物鉴定。同时,抗血清也存在一定的缺点,如要求注射剂量较大、免疫保护期短、价格昂贵等,而且需在隔离条件下使用,以防止散毒。通常对紧急预防的动物,仍需再进行常规的免疫接种。

抗血清既可以利用病原微生物抗原免疫同种或异种动物后采血并提取血清制备,也可以提取耐过病的自然感染动物血清制造。通常是给动物适当反复多次注射特定的病原微生物或其代谢产物等物质,如抗原、免疫原,促使动物不断产生免疫应答反应(体液免疫与细胞免疫),从而使血清中含有大量相应的特异性抗体,然后采(放)血、分离血清制成。

抗血清之所以具有预防和治疗急性传染病的作用,是由于它含有特异性的免疫球蛋白——抗体。将有高度免疫力的抗体输入动物体内,使动物被动获得抗体而形成的免疫力称为人工被动免疫,健康动物获得免疫即可预防相应的传染病。已经感染某种病原微生物发生传染病时,注射大量抗血清后,由于抗体的作用,可抑制患病动物体内病原微生物继续繁殖,并与体内正常防御功能共同作用,把病原微生物消灭,使患病动物逐渐恢复健康。抗血清具有很强的特异性,一种血清只对一种病原微生物或毒素起作用,因此使用的时候一定要注意所用的抗血清是否与病原为对应关系。

(二)抗血清的应用范围

目前,虽然抗血清的生产量较少,但是抗血清的特殊作用仍不容忽视。有些疾病的治疗虽然可以使用抗菌药物,但要彻底控制和消灭传染源,在特定情况下,抗血清的作用是抗菌药物不能全部替代的。抗血清用作紧急预防注射,通常是在已经发生传染病或受到传染病威胁的情况下使用,其优点是注射后立即产生免疫,这是疫苗无法做到的。但是这种免疫力维持时间较短,一般仅2~3周。因此,在注射抗血清后2~3周仍需要再注射1次疫苗,才能获得较长时间的抗传染病能力。

抗血清一般成本较高,生产周期较长,故使用上受到局限。目前生产较多的抗血清有抗炭疽血清、抗气肿疽血清、抗猪瘟血清等,其中破伤风抗毒素效果明显,应用较广。

在人工被动免疫中,以抗毒素血清的效果最佳,应用最广。动物经反复多次注射某种细菌产生的毒素(通常用类毒素)后,产生多量抗毒素抗体,采血后提取血清,即为抗毒素血清(也称抗毒素),如猪用破伤风抗毒素、肉毒中毒抗毒素等。抗毒素用以中和体液中的游离毒素,以阻止毒素继续侵害组织细胞。若毒素一旦与组织细胞结合,则抗毒素就失去了中和毒素的效果,因此抗毒素应用越早,效果越好。

在抗血清应用过程中,也应注意一些问题。例如,马的破伤风抗毒素血清对马安全,对马来说它不是异物,可以持续存在相当长的时间,直到发生分解代谢才能将其除去。但如果将马破伤风抗毒素血清注射给其他种类动物(如猪),这些抗毒素就会被当作异物,对其产生免疫应答而予以排除。为了减少抗毒素对其他畜种的抗原性,常用胃蛋白酶将抗毒素降解,破坏其免疫球蛋白的 Fc 段,而仅使中和毒素所必需的部分保持完整。

(三)抗血清使用时的注意事项

第一,应尽早使用,治疗时应用越早,治疗效果越好。

第二,抗血清的用量应根据猪的体重和年龄不同而确定。预防量通常为 5~10 毫升,以皮下注射为主,也可肌内注射。治疗量需要按预防量加倍,并根据病情采取重复注射。注射方法以静脉注射为主,以使其尽快奏效。剂量不大时也可肌内注射。不同的抗血清用量相差很大,使用时应按说明书的规定执行。

第三,静脉注射抗血清的量较大时,最好将血清加温至 30℃左右再注射。

第四,皮下或肌内注射大量抗血清时,可分几个部位进行分点注射,并轻轻揉压使之分散。

第五，注射不同动物源抗血清（异源抗血清）时，有时可能引起过敏反应，故应事先脱敏。如果注射后数分钟或 30 分钟内猪出现不安、呼吸急促、颤抖、出汗等症状，应立即抢救。可皮下注射肾上腺素，反应严重者抢救不及时，常造成损失。因此，使用抗血清时要密切注意观察被接种猪只的表现，及早发现问题及时处理，尽量减少损失。

二、抗血清的制备过程

（一）制备抗血清动物的选择与饲养管理

1. 动物的选择　免疫动物的选择是制备抗血清的第一步，也是比较关键的一步。可作为免疫用的动物多为哺乳类和禽类，主要有家兔、绵羊、马、牛、猪、驴、豚鼠和鸡等，其中实验常用的有家兔、绵羊、鸡和豚鼠。抗血清的批量生产主要用马和牛进行，因为在一般情况下，马、牛具有产量大、成本低、饲养管理方便等优点，在高度免疫中不受接种途径、接种量与接种次数的限制；而且最好选择年龄为 3～8 岁经检疫健壮的马、牛或 3～10 周岁的阉牛进行，以便经采血后继续高度免疫循环利用。

用于制备抗血清的动物，必须从非疫区选购，并经隔离观察，每日测体温 2 次，观察 2 周以上，确认健康者方可应用。使用前必须经过严格检疫，如对马要进行鼻疽、媾疫、流产沙门氏菌等的检疫。对牛则要进行结核病、布鲁氏菌病、牛肺疫以及血液原虫病的检查诊断，对这些病呈阳性反应或可疑反应的动物均不能使用。对某些新购进动物进行必要的检查和对制备抗血清无影响的预防接种，详细登记每头动物的来源、品种、性别、年龄、体重等特征和营养状况，建立制备血清动物档案，只有符合要求的动物才能投入抗血清的生产。

在选择动物时要注意以下几方面内容。

（1）抗原与动物种系的关系　动物性抗原的免疫原性随动物种系亲缘关系的远近而有差别。亲缘关系较近动物的蛋白质免疫原性弱，反之则强。因此，选择动物时应选用亲缘关系较远的动物。

（2）抗血清的用量　根据抗血清的需要量选择免疫动物，如果是经常大量使用则应选择大动物；若所需的抗血清量不大，则以选择小动物为宜。

（3）动物的个体状态　用于免疫的动物必须是适龄、健壮、无感染的动物。免疫过程中应特别注意营养和卫生管理。注射抗原1个月后，动物仍无良好的抗体反应，或在规定注射日程后抗体效价不高，可再注射1～2次，抗体反应仍不良者立即淘汰。

2. 动物的饲养管理　制造抗血清用的动物应加强饲养管理，喂给营养丰富的饲料，并加喂多汁饲料，同时还需喂给适量的食盐和含钙的补充饲料。在高度免疫和采血期间，每日要测体温2次，随时观察接种动物的健康情况，每日至少保证4小时以上的运动，还需要擦拭体表。在生产过程中，若发现健康状况异常或有患病可疑时，应停止注射抗原和采血并隔离治疗。制造抗血清用动物的饲养管理和健康情况，直接影响所生产的血清质量，因此必须制订严格的管理制度，由专人负责饲喂和精心管理。同时要注意，由于动物存在个体免疫应答能力的差异，所以选择动物应有一定的数量，不要一个批次只用同一动物生产。

（二）免疫原与免疫程序的选择

1. 免疫原的选择　实践证明，选择具有良好反应原性和免疫原性的抗原，是制备优质抗血清的基础。而制备优良抗原的关键是选择优良的菌（毒）株，所以应挑选形态、生化特性、血清学与抗原性、毒力等具有典型性的菌（毒）株作为抗原制造用的菌（毒）株。

制备抗血清用的免疫原均须经过无菌检验，其所用的免疫抗原，要根据病原微生物的培养特性，采用不同的方法生产。制备抗菌血清时，基础免疫用的抗原多为疫苗或死菌，而高度免疫的抗原,一般选用毒力较强的毒株。有些抗血清所用的抗原,要求用多品系、多血清型菌株,接种于最适生长的培养基,按常规方法进行培养。

制备抗病毒血清如抗猪瘟血清时,基础免疫的抗原可用猪瘟兔化弱毒疫苗,高度免疫抗原则用猪瘟血毒或脏器毒乳剂等强毒。选用对猪瘟易感的 40～80 千克体重的猪,接种猪瘟强毒发病后5～7 天,当出现体温升高和典型的猪瘟症状时,由动脉放血,收集全部血液,经无菌检验合格后即可作为抗原使用。接种猪瘟强毒的猪,除血液中含有病毒外,脾脏和淋巴结也有大量的病毒,可采集并制成乳剂,作为抗原使用。

制备抗毒素血清的免疫原可用类毒素、毒素或全培养物,但后两者只有在需要加强免疫刺激的情况下才应用,一般多用类毒素作为免疫原。

2. 免疫程序的选择　由于病原体的特点、免疫机制等不同,其制备抗血清的免疫方案也不尽相同,即使是同一疫病,也有不同的免疫方案;而且用不同的免疫方案制备的抗血清,其效价亦有差异。因此,为了获得高效价的免疫抗体,动物的免疫程序一般分为基础免疫程序和高度免疫程序。

基础免疫通常先用本病的疫苗(灭活疫苗或活疫苗)按预防剂量做第一次免疫,经 7 天左右(或 2～3 周)再用大剂量的灭活疫苗、活疫苗或特制的灭活抗原再免疫 1～3 次,即完成基础免疫;也可免疫 1 次,根据免疫原的特性和免疫应答情况而确定。基础免疫大多数 1～3 次即可,抗原无须过多、过强,基础免疫主要是为高度免疫产生有效的记忆应答打下基础。

基础免疫后 2 周左右开始进行高度免疫,有些学者认为这个间隔应该长些,至少应间隔 1 个月左右。注射用的抗原通常用强毒制造,一般抗原的毒力越强,免疫原性越好。免疫剂量逐渐增加,每次注射抗原的间隔时间为 3～10 天,通常可采用 5～7 天,高度免疫的注射次数要视血清抗体效价而定,有的只需大量注射1～

2次强毒抗原,即可完成高度免疫;有的则要注射10次以上,才能产生高效价的抗血清。

为了获得效价高的抗血清,动物饲养条件必须保持良好。免疫剂量、次数和间隔时间等在各种抗血清制造中差异极大,如抗猪丹毒血清全程要注射抗原20次,历时60~100天;抗猪瘟血清要注射6次以上,全程约50天,且以获得高抗体效价为佳。

免疫原注射途径一般采用皮下或肌内注射。应采用多部位注射法,每一注射点的抗原量不宜过多,尤其是使用油佐剂抗原时更应注意抗原的注射量,以免造成注射点的隆起或坏死。

(三)血清抗体的检测

免疫程序接近结束时,应测定血清的抗体效价,如果效价已达到规定的要求,即可视作免疫成功,可以开始采血。若经检测血清效价不合格,则可继续增加注射抗原的次数或剂量,如再检测仍不合格,则应将该动物淘汰。测定免疫血清效价是及时掌握采血时机的重要步骤。根据抗体效价的不同,其检测方法也很多,有血凝试验和血凝抑制试验、间接酶联免疫吸附试验、斑点酶联免疫吸附试验、琼脂扩散试验等。如果用琼脂扩散试验测定血清效价时,若在抗原孔与抗体孔之间出现沉淀线者,即为阳性。最高稀释倍数血清孔出现的沉淀线即为该血清的抗体效价。琼脂扩散试验的效价通常比环状沉淀反应稍低。

(四)采血与抗血清的提取

采血通常在末次免疫后7~10天采血样检测抗体效价,抗体滴度达到要求后,再按体重采血(10毫升/千克体重)。不合格者再次进行免疫,多次免疫后仍不合格者淘汰。不论免疫动物是大动物或小动物,采血方法均分为一次采血法和多次采血法两种,即一次采集或多次采集。一次采血法适用于绵羊或其他大动物,可在颈动脉采血,家兔、豚鼠和鸡等小动物则可通过心脏直接采血;

多次采血法是按体重采血,每千克体重采血 10～11 毫升,3～5 天后第二次采血,每千克体重采血 8～10 毫升。第二次采血后 2～3 天应再注射血毒。如此循环注射血毒抗原和采集血液,通常抗原的注射量控制在 100～200 毫升。一次采血者,在最后一次高效免疫之后的 7～11 天进行。值得注意的是,动物采血应在上午空腹时进行,并提前禁食 24 小时,但需给予饮水以防止血脂过高,还可避免血液中出现乳糜而获得澄清的血清。豚鼠采取心脏穿刺采血。家兔可以从心脏或颈静脉、颈动脉采血,少量采血可通过耳静脉采取。马由颈动脉或颈静脉采血。羊可以从颈静脉或颈动脉采血。家禽可以采取心脏穿刺或颈动脉采血。

采血必须严格执行无菌操作,一般不加抗凝剂,全血在室温中自然凝固,在灭菌容器中使之与空气有较大的接触面,待血液凝固后进行剥离或将血凝块切成若干小块,并使其与容器剥离。先置于 37℃ 条件下放置 2 小时,然后置于 4℃ 冰箱中,翌日离心收集血清。将血清收集后装入灭菌瓶中,加入 0.5% 石炭酸溶液或 0.01% 硫柳汞溶液防腐。放置数日做无菌检验,合格的血清进行分装,保存于 2℃～15℃ 的半成品库中,待抽检合格后交成品库保存出厂。

(五)抗血清的检验

按照《中华人民共和国兽用生物制品质量标准》的要求,每一种生物制品都需要进行检验。抗血清的检验包括物理性状检验、无菌检验、支原体检验、外源病毒检验、安全性检验、效力检验、苯酚或汞类等防腐剂残留量测定等。

三、猪常用抗血清的种类及使用方法

(一)抗猪瘟血清

【制备方法】 选择体重 60 千克以上、营养状况良好的健康猪,经观察确认健康后,先注射猪瘟兔化弱毒疫苗 2 毫升进行基础免疫,10～20 天后再用猪瘟强毒进行高度免疫。免疫程序是:第一次肌内注射血毒 100 毫升,隔 10 天后第二次注射血毒 200 毫升,再隔 10 天第三次注射血毒 300 毫升。第三次免疫后 9～11 天采血,可采用多次采血法,第一次采血后 3～5 天进行第二次采血。用采得的血液分离血清,加入防腐剂(硫柳汞或石炭酸)后分装、保存。生产完毕后进行成品检验、无菌检验、安全性检验和效力检验等。

【物理性状】 本品为略带棕红色的透明液体,久置后瓶底有少量灰白色沉淀。

【作用与用途】 用于猪瘟的预防和紧急治疗,但对出现后躯麻痹和紫斑的病猪无效。

【免疫保护期】 免疫保护期为 14 天左右。

【用法与用量】 皮下、肌内或静脉注射均可。预防量:体重 8 千克以下的猪 15 毫升;8～16 千克的猪 15～20 毫升;16～30 千克的猪 20～30 毫升;30～45 千克的猪 30～45 毫升;45～60 千克的猪 45～60 毫升;60～80 千克的猪 60～75 毫升;80 千克以上的猪 70～100 毫升。治疗量为预防量的 2 倍,必要时可重复注射 1 次,被动免疫期为 14 天,但对危重病猪疗效不佳。

【不良反应】 个别猪注射本品后可能发生过敏反应。因此,最好先少量注射,观察 20～30 分钟,如无反应再大量注射。发生严重过敏反应(过敏性休克)时,可皮下或静脉注射 0.1% 肾上腺素注射液 2～4 毫升紧急救治。

【注意事项】 ①注射时应做局部消毒处理。②治疗时,采用静脉注射疗效较好。如皮下或肌内注射剂量大,可分点注射。③用注射器吸取血清时,不可把瓶底沉淀摇起。冻结过的血清不可使用。

【贮藏与有效期】 于 2℃～8℃阴冷干燥处保存,有效期为 36 个月。

(二)抗口蹄疫 O 型血清

【制备方法】 本品系用 O 型口蹄疫病毒弱毒株高度免疫牛或马后,采取血液,分离血清,加入防腐剂分装制成。

【物理性状】 本品为淡红色或浅黄色透明液体,瓶底有少量灰白色沉淀。

【作用与用途】 主要用于治疗或紧急预防猪 O 型口蹄疫。

【免疫保护期】 免疫保护期为 14 天左右。

【用法与用量】 供皮下注射。预防量:仔猪每头注射 1～5 毫升,成年猪每千克体重注射 0.3～0.5 毫升。治疗量为预防量的 1 倍。

【不良反应】 通常无不良反应,但个别猪只会出现过敏反应,如发生严重过敏反应时,可皮下或静脉注射 0.1% 肾上腺素注射液,每头猪 2～4 毫升。

【注意事项】 ①冻结过的血清严禁使用。②用注射器吸取血清时,不要把瓶底沉淀摇起。③为避免猪只发生过敏反应,可先行注射少量血清,观察 20～30 分钟,如无异常反应再大量注射。

【贮藏与有效期】 于 2℃～15℃ 冷暗干燥处保存,有效期为 24 个月。

(三)抗破伤风血清

【制备方法】 选择 5～12 岁营养良好的马匹,先用破伤风类毒素进行基础免疫,第一次注射精制破伤风类毒素油佐剂抗原 1 毫升,再用产毒力强的破伤风梭菌制备的免疫原进行加强免疫,采血并分离血清,加入适当防腐剂制成,或经处理制成精制抗毒素。

【物理性状】 未精制的抗血清应为微带乳光、呈橙红色或茶色的澄明液体;精制抗毒素为无色清亮液体。长期贮存后瓶底微有灰白色或白色沉淀,轻摇即能摇散。

【作用与用途】 用于治疗或紧急预防猪的破伤风。

【免疫保护期】 免疫保护期为 14～21 天。

【用法与用量】 猪在耳根后或腿内侧皮下注射,也可供肌内或静脉注射。用量如下:猪预防量为 1 200～3 000 单位,治疗量为 6 000～30 000 单位。如果病情严重,治疗时可用同样剂量重复注射。

【不良反应】 通常无不良反应,但个别猪只会出现过敏反应,如发生严重过敏反应时,可皮下或静脉注射 0.1% 肾上腺素注射液,每头猪 2～4 毫升。

【注意事项】 ①治疗时,采用静脉注射疗效较好。如皮下或肌内注射剂量大,可分点注射。用注射器吸取血清时,不可把瓶底沉淀摇起。②冻结过的血清不可使用。

【贮藏与有效期】 于 2℃～8℃ 阴冷干燥处保存,有效期为 24 个月。

(四)抗猪伪狂犬病血清

【制备方法】 本品系用健康猪只经伪狂犬病活疫苗基础免疫后,再经伪狂犬病病毒高度免疫,采血、分离血清,加适当防腐剂后分装制成。

【物理性状】 本品为黄褐色清亮液体,久置瓶底微有沉淀。

【作用与用途】 用于治疗或紧急预防猪伪狂犬病。

【用法与用量】 本品可皮下或肌内注射。预防量每次 10～25 毫升,治疗量加倍。必要时可间隔 4～6 天重复注射 1 次。

【免疫保护期】 免疫保护期为 14 天左右。

【不良反应】 通常无不良反应,但个别猪只会出现过敏反应,如发生严重过敏反应时,可皮下或静脉注射 0.1% 肾上腺素注射液,每只猪注射 2～4 毫升。

【注意事项】 冻结过的血清不能使用。用注射器吸取血清时要轻柔,不要把瓶底沉淀摇起。为避免猪只发生过敏反应,可先行注射少量血清,观察 20～30 分钟,如无异常反应再大量注射。

【贮藏与有效期】 于 2℃～10℃阴冷干燥处保存,有效期为24 个月。

(五)抗狂犬病血清

【制备方法】 本品系用绵羊或山羊经狂犬病疫苗做基础免疫后,再用狂犬病毒弱毒株高度免疫,采血、分离血清,加适当防腐剂分装制成。

【物理性状】 本品为淡黄色透明液体,久置瓶底微有灰白色沉淀。

【作用与用途】 治疗或紧急预防猪的狂犬病。

【免疫保护期】 免疫保护期为 14 天左右。

【用法与用量】 肌内或皮下注射,治疗量 1.5 毫升/千克体重,预防量减半。

【不良反应】 通常无不良反应,但个别猪注射本品后可能发生过敏反应,因此最好先少量注射,观察 20～30 分钟后,如无异常反应再大剂量注射。一旦发生过敏性休克,可迅速皮下或静脉注射 2～4 毫升 0.1%肾上腺素注射液救治。

【注意事项】 治疗时最好采用静脉注射法,如皮下或肌内注射剂量大,可分点注射。用注射器吸取血清时,不可把瓶底沉淀摇起。冻结过的血清应废弃不用。

【贮藏与有效期】 于 2℃～15℃阴冷干燥处保存,有效期为24 个月。

(六)抗猪丹毒血清

【制备方法】 本品系用马经猪丹毒活疫苗基础免疫后,再用猪丹毒杆菌高度免疫,采血、分离血清,加入适量防腐剂制成。

【物理性状】 本品为略带乳光的橙黄色透明液体,久置瓶底微有灰白色沉淀。

【作用与用途】 用于治疗或紧急预防猪丹毒。

【免疫保护期】 免疫保护期为 14 天左右。

【用法与用量】 于耳根后部或后腿内侧皮下注射,也可静脉注射。预防量:仔猪 3～5 毫升,体重 50 千克以下的猪 5～10 毫升,50 千克以上的猪 10～20 毫升。治疗量:仔猪 5～10 毫升,体重 50 千克以下的猪 30～50 毫升,50 千克以上的猪 50～75 毫升。

【不良反应】 个别猪注射本品后可能发生过敏反应,因此最好先少量注射,观察 20～30 分钟后,如无反应再大量注射。发生过敏性休克时,可皮下或静脉注射 0.1% 肾上腺素注射液 2～4 毫升。

【注意事项】 治疗时采用静脉注射疗效较好,如皮下或肌内注射剂量大,可分点注射。用注射器吸取血清时,不可把瓶底沉淀摇起。冻结过的血清不可使用。

【贮藏与有效期】 于 2℃～15℃ 阴冷干燥处保存,有效期为 42 个月。

(七)抗猪巴氏杆菌病血清

【制备方法】 本品系用免疫原性良好的 B 型多杀性巴氏杆菌制成免疫原,经高度免疫牛或马后,采血、分离血清,加适当防腐剂制成。

【物理性状】 本品为橙黄色或淡棕红色澄明液体,久置瓶底微有灰白色沉淀。

【作用与用途】 用于治疗或紧急预防猪巴氏杆菌病(出血性败血症)。

【免疫保护期】 免疫保护期为 14 天左右。

【用法与用量】 本品可皮下、肌内或静脉注射。预防量:2 月龄猪为 10～20 毫升,2～5 月龄猪 20～30 毫升,5～10 月龄猪30～40 毫升。治疗量为预防量的 1 倍。

【不良反应】 本血清为牛源或马源血清,个别猪注射本品后可能发生过敏反应,应注意观察。最好先少量注射,观察 20～30

分钟后,如无反应再大量注射。发生过敏性休克时,可皮下或静脉注射0.1%肾上腺素注射液2~4毫升进行救治。

【注意事项】 治疗时采用静脉注射疗效较佳,如皮下或肌内注射剂量大,可分点注射。用注射器吸取血清时,不可把瓶底沉淀摇起。冻结过的血清应废弃不用。

【贮藏与有效期】 于2℃~8℃阴冷干燥处保存,有效期为36个月。

(八)抗炭疽血清

【制备方法】 本品系选用青壮年、健康易感马,先用无荚膜炭疽芽孢苗皮下注射5毫升,间隔6天皮下注射10毫升,间隔6天后再皮下注射20毫升,再间隔6天后,采用无荚膜炭疽芽孢菌液皮下注射,注射量为1毫升,以后间隔6天再次注射无荚膜炭疽芽孢菌液,共注射5次,62天后试验采血,测定血清效价。血清效价合格的马,采血、分离血清,按分离血清总量加入0.01%的硫柳汞或0.5%的石炭酸防腐,无菌分装制成。

【物理性状】 本品为微带荧光的橙黄色澄明液体,久置瓶底微有沉淀。

【作用与用途】 用于治疗或紧急预防猪炭疽。

【免疫保护期】 免疫保护期为14天左右。

【用法与用量】 猪在耳根后部或腿内侧皮下注射,也可供静脉注射。预防量为16~20毫升/次,治疗量为50~120毫升/次。治疗时,可根据病情以同样剂量重复注射。

【不良反应】 个别猪注射本品后可能发生过敏反应,因此最好先少量注射,观察20~30分钟后,如无反应再大量注射。发生过敏性休克时,可皮下或静脉注射0.1%肾上腺素注射液2~4毫升进行救治。

【注意事项】 治疗时采用静脉注射疗效较佳,如皮下或肌内注射剂量大,可分点注射。用注射器吸取血清时,不可把瓶底沉淀摇起。冻结过的血清应废弃不用。

【贮藏与有效期】 于2℃～15℃阴冷干燥处保存,有效期为42个月。

(九)精制抗炭疽血清

【制备方法】 本品系用炭疽杆菌活疫苗免疫马匹后所采集的含抗体的血浆或血清,加适当吸附剂处理制成的精制抗毒素。

【物理性状】 本品为微带荧光的橙黄色澄明液体。

【作用与用途】 用于猪炭疽的治疗和预防。

【免疫保护期】 免疫保护期为14天左右。

【用法与用量】 使用对象为炭疽病猪或有炭疽感染危险的猪。预防时可皮下或肌内注射,治疗时可根据病情肌内注射或静脉滴注。预防量为一次20毫升。治疗应尽早进行并给予足够大的剂量,第一天可注射20～30毫升,以后可根据病情给予维持剂量。

【不良反应】 同猪用抗炭疽血清。

【注意事项】 每次注射均要对病猪和药品进行详细记录。用药前应先做过敏试验(用生理盐水0.9毫升加入本品0.1毫升,皮内注射0.05毫升),观察30分钟,阳性者采用脱敏注射法,将10倍稀释液按0.2毫升、0.4毫升、0.8毫升分次注入,每次间隔30分钟,如无反应,再注射其余量。

【贮藏与有效期】 于2℃～15℃阴冷干燥处保存,有效期为42个月。

(十)精制血清囊素冻干粉(高热血抗)

本品能有效抑制细胞核酸的合成,并诱导机体产生内源性干扰素,促进抗体形成,阻止病毒性细胞的复制,从而起到抗感染、抗病毒、杀菌的作用。

【物理性状】 本品为棕黄色至棕红色晶体粉状,遇水可迅速溶解。

【作用与用途】 本品主治猪繁殖与呼吸综合征、圆环病毒病、温和型猪瘟、伪狂犬病、细小病毒病以及其他病毒混合感染而引起的以体温升高(呈稽留热)、精神沉郁、全身败血等为特征的疾病,即高热病。对抗生素难以控制的病毒性、细菌性、免疫缺陷性疾病有显著而独特的疗效。

【用法与用量】 本品每瓶用 20 毫升生理盐水缓慢进行稀释(防止药物溢出),振荡摇晃至形成均匀溶液,肌内或静脉注射。发病前期每瓶(20 毫升)用于 150 千克体重、中期用于 100 千克体重、后期用于 50 千克体重;病重可遵医嘱加量。

【注意事项】 如偶有猪只出现应激、体温突然升高等情况,可注射地塞米松注射液缓解。本品不用配合任何抗生素使用,且宜现配现用。

【贮藏与有效期】 常温下可保存 24 个月,冷藏时间更长。

第五章　猪常用诊断制品的合理使用

一、炭疽沉淀素血清

【制备方法】　炭疽沉淀素血清系用炭疽杆菌弱毒菌株为抗原,高度免疫3～6岁健康马,当血清效价达到要求时采血,分离血清,加适当防腐剂制成。

【物理性状】　本品为橙黄色澄明液体,久置后底部有微量沉淀。

【作用与用途】　本品供诊断猪炭疽时做沉淀反应用,可检验猪的皮毛产品是否受到炭疽杆菌污染。

【用法与判断】　将疑似因炭疽死亡的猪,采取肝脏、脾脏或皮毛等,用水浸泡后煮沸1小时,过滤后取其透明滤液0.2～0.5毫升,分装于小管内,用毛细管吸取炭疽沉淀素血清约0.1毫升,沿管壁插入管底,慢慢放出血清,使其与滤液混合,1～15分钟观察结果,两液界面出现白色沉淀环者为炭疽阳性。

【贮藏与有效期】　于2℃～8℃条件下保存,有效期为36个月。

二、结核菌素

【制备方法】　结核菌素是用1～2株牛型或禽型结核菌株,经适宜培养基培养,用甲醛或其他灭活剂灭活,滤过除去杂菌,将滤液提纯或浓缩制成,亦可经冷冻真空干燥制成。

【物理性状】　冻干提纯结核菌素为乳白色或略带淡黄色疏松团块,加稀释液后迅速溶解;液体提纯结核菌素为褐色澄明液体。

【作用与用途】　诊断猪结核病。

【用法与判断】 于一侧耳根外侧皮内注射牛型提纯结核菌素0.1毫升(1万单位),另一侧耳根外侧皮内注射禽型提纯菌素0.1毫升(2 500单位),注射后72小时判断结果。判定标准:凡局部有明显炎症反应,皮厚差≥4毫米者为阳性反应;局部炎症性反应不明显,皮厚差为2.1~3.9毫米者为可疑反应;无炎症反应,皮厚差≤2毫米者为阴性反应。只要有一定炎症性肿胀,即使皮厚差在2毫米以下者仍应判为可疑。

【贮藏与有效期】 在2℃~8℃条件下保存,冻干提纯结核菌素有效期为10年,液体提纯结核菌素为24个月,未提纯结核菌素为6个月。

三、布鲁氏菌病平板凝集试验抗原

【制备方法】 本抗原是用抗原性良好的布鲁氏菌菌株,在适宜培养基上培养,收获菌体,染色,经加热灭活,离心后悬浮于含有0.5%苯酚、12%氯化钠和20%甘油的溶液中制成。

【物理性状】 本品呈蓝色均匀悬浮液。

【作用与用途】 用于诊断猪布鲁氏菌病。

【用法与判断】 准备一长方形的洁净玻璃板,划成25个方格,横、纵各5格,第一纵行各格写上被检血清号,横列各格注明所加血清量。用微量移液器吸取每份被检血清,按80微升、40微升、20微升、10微升的量分别加在第一横列的4个格内,依次加完5份血清。在加入血清的各格中分别加入平板凝集试验抗原30微升,用牙签将两者混匀后,在5~8分钟按凝集反应判断标准读出结果(试验最好在25℃~30℃条件下进行)。每次试验需设阴性和阳性血清对照。

反应强度的判定标准:无凝集反应,液体均匀浑浊则标记为"-";若稍能看见到凝集,液体浑浊,标记为"++";若有较为明显的凝集颗粒,液体稍透明,标记为"+++";出现大的凝集片或颗粒,液体完全透明,则标记为"＋＋＋＋"。按照上述的反应强度判定标准,在被检的猪血清 20 微升方格中出现"＋＋"以上凝集为阳性反应;40 微升方格中出现"＋＋"凝集,则判为可疑。可疑反应的猪只经 2～3 周后重新检查,仍为可疑者判为阳性。

【注意事项】 ①本品使用前需充分摇匀,出现污染或有摇不散的凝块时不得使用。②不适用于粗糙型布鲁氏菌病的诊断。③试验应在 25℃～30℃条件下进行。

【贮藏与有效期】 在 2℃～8℃条件下保存,有效期为 24 个月。

四、布鲁氏菌病虎红平板凝集试验抗原

【制备方法】 本抗原是用抗原性良好的布鲁氏菌菌株,在适宜培养基上培养,收获菌体,经加热灭活,离心后用虎红染色,悬浮于乳酸缓冲液中制成。

【物理性状】 本品为粉红色均匀混悬液。

【作用与用途】 可供诊断猪布鲁氏菌病的虎红平板凝集试验用,可用于诊断猪布鲁氏菌病。

【用法与判定】 取被检血清 30 微升与抗原 30 微升相混合,于 4 分钟内观察结果,反应强度以"＋"号记录,凡出现"＋"以上反应者均为阳性。出现阳性反应的猪只需进一步做补体结合试验或其他辅助诊断试验。

反应强度的判定标准:无凝集反应,混合液呈均匀粉红色标记为"－";混合液稍能看到凝集,稍有卷边形成,凝结物间液体呈红色记为"＋";混合液出现明显卷边,凝集块间液体稍清亮记为"＋＋";混合物凝集反应较强,液体较清亮明显,记为"＋＋＋"。

【注意事项】 ①使用前应充分摇匀,出现污染或摇不散的凝块时不能使用。②抗原和血清应在室温中放置 30～60 分钟后再进行试验。

【贮藏与有效期】 在 2℃～8℃条件下保存,有效期为 12 个月。

五、布鲁氏菌病试管凝集试验抗原、
阳性血清与阴性血清

【制备方法】 本抗原是用布鲁氏菌猪种菌株或猪种和牛种菌株,接种适宜培养基培养,收获培养物经灭活后,离心后悬浮于含0.05%苯酚生理盐水中制成。阳性血清是用灭活的布鲁氏菌菌液接种绵羊或家兔,采血分离血清或经冷冻真空干燥制成;阴性血清采用绵羊或兔,采血分离血清或经冷冻真空干燥制成。用于试管凝集试验对照。

【物理性状】 为乳白色的混悬液,静置后呈透明清亮液体,下部有沉淀的菌体。其冻干制品为黄白色疏松团块,加稀释液后迅速溶解。液体制品为黄色或无色透明液体。

【作用与用途】 本抗原、血清供诊断猪布鲁氏菌病做试管凝集试验时用。

【用法与判定】 用含5%碳酸生理盐水作为抗原和血清的稀释液,将抗原做1:20稀释(即为抗原应用液),被检猪的血清做1:12.5、1:25、1:50、1:100、1:200稀释,同时设阴性和阳性血清作对照。每管加抗原0.5毫升,与各稀释血清等量混合,振荡摇匀,置于37℃恒温箱反应24小时,然后按下列标准判定:菌体完全凝集和沉淀,液体100%清亮的记为"++++";菌体几乎完全凝集和沉淀,液体75%清亮的记为"+++";有显著的凝集和沉淀,液体50%清亮的记为"++";有清楚可见的凝集和沉淀,液体25%清亮的记为"+";无凝集和沉淀,液体均匀浑浊的记为"-"。

凝集反应结果判定:猪血清1:50出现"++",则判定为阳性。猪血清1:25出现"++"则判定为可疑。可疑反应的猪于3~4周后应重新采血检验,仍为可疑反应者判为阳性。

【注意事项】 ①本品出现污染或有摇不散的凝块时,不得使用。②本品使用时需充分摇匀。

【贮藏与有效期】 于2℃~8℃条件下保存,有效期为18个月。

第六章　猪常用微生态制剂的合理使用

一、微生态制剂的概念和作用机制

(一)微生态制剂的概念

微生态制剂兴起于 20 世纪 70 年代,被认为只有活的微生物才能起到微生态的平衡作用,因此认定微生态制剂是活菌制剂,甚至有一段时间,曾把微生态制剂称为"活菌制剂"。微生态制剂是指在动物胃肠道微生态理论指导下,运用微生态学原理,利用对宿主有益无害的正常微生物经特殊工艺制成的活的微生物饲料添加剂,动物食入后,能在消化道中生长、发育或繁殖,并起到有益作用的活体微生物饲料添加剂。

微生态制剂能通过改进肠道微生物平衡对动物施加有益影响。在我国,人们经常称其为益生菌。美国食品与药品管理局(FDA)1989 年将其名称规定为"直接饲喂微生物"(Direct-fedmicrobial,DFM)。加拿大称之为"活的微生物产品"(Viable microbial products,VMP)。在日本,其被称为"有效微生物"(Effective microbial,EM)。但随着科学研究的深入和微生态制剂的不断发展,大量资料证明,死菌体、菌体成分、代谢产物也具有调整微生态失调的功效。因此,在国际微生态学术讨论会上,对微生态制剂(益生菌)重新进行了定义。微生态制剂是含活菌和死菌,包括其组分和产物的活菌制品,经口或经由其他黏膜途径投入,旨在改善黏膜表面处微生物或酶的平衡,或者刺激特异性或非特异性免疫机制。

微生态制剂常常使用 1 株或几株细菌制成不同的剂型,用于直接口服、拌料或溶于水中;或局部用于上呼吸道、尿道和生殖道;或对刚出壳的鸡群进行喷雾使用。我国目前多使用粉剂、片剂和菌悬液,直接口服或混于饲料中。

国外使用微生态制剂的历史悠久,如日本已形成了使用双歧杆菌制剂的传统。美国食品与药品管理局审批的、可在饲料中安全使用的菌株包括黑曲霉、米曲霉、4 种芽孢杆菌、4 种拟杆菌、5 种链球菌、6 种双歧杆菌、12 种乳杆菌、2 种小球菌以及肠系膜串珠菌和酵母菌等。英国除了使用以上菌种外,还应用伪长双歧杆菌、尿链球菌和枯草芽孢杆菌变异株等。

2003 年我国农业部公布了可直接用于生产动物饲料添加剂的菌种有 15 个,包括干酪乳杆菌、植物乳杆菌、嗜酸乳杆菌、双歧杆菌、粪肠球菌、屎肠球菌、乳酸肠球菌、枯草芽孢杆菌、地衣芽孢杆菌、乳酸片球菌、戊糖片球菌、乳酸乳杆菌、啤酒酵母、产朊假丝酵母和沼泽红假单胞菌。我国生产动物微生态制剂的企业、单位约 400 家,每年生产的生物兽药和饲用微生物添加剂有 1.2 万～1.5 万吨,生产的生物饲料(用已知微生物发酵有毒、有害原料生产活性蛋白质饲料)约 2 万吨。

(二)微生态制剂的作用机制

微生态制剂发挥作用的确切机制尚未完全知晓,一般认为,微生态制剂进入畜禽肠道内,与其中极其复杂的微生态环境中的正常菌群会合,出现栖生、互生、偏生、竞争或吞噬等复杂关系。

1. 拮抗病菌并恢复优势菌群,保持胃肠道微生态环境的相对稳定 在正常情况下,动物肠道微生物种群及其数量处于一个动态的微生态平衡状态。当机体受到某些应激因素的影响,这种平衡可能被破坏,导致体内菌群比例失调,需氧菌如大肠杆菌增加,并使蛋白质分解产生胺、氨等有害物质,动物表现腹泻等病理状态,生产性能下降。合理使用微生态制剂可以较好调节动物肠道菌群,保持肠道菌群的平衡,对有害菌起到很好的拮抗作用。

芽孢杆菌等好氧菌在肠道内的生长繁殖需要氧气,这样可以有助于畜禽肠道内优势微生物种群——厌氧菌的繁殖,抑制病原微生物的生长和繁殖,使动物体内的微生物菌群重新处于平衡状态,保持动物机体处于健康状态。乳酸菌可以产生多种抗有害物质如有机酸、过氧化氢、酶类等,产生的有机酸包括乳酸、乙酸、丙酸和丁酸等可使肠道 pH 值下降,对病原性细菌有抑制作用,产生的过氧化氢抑制病原菌的生长繁殖,从而使有益微生物在细菌种群间的相互竞争中占优势。双歧杆菌和乳酸杆菌还产生胞外糖苷酶,可降解肠黏膜上皮细胞的特异性糖类,阻止致病菌和毒素对上皮细胞的黏附和侵入。给生长肥育猪饲喂芽孢杆菌后,其肠道菌群中的厌氧菌(双歧杆菌、乳酸杆菌等)增多,而需氧菌和兼性厌氧菌特别是大肠杆菌显著减少。微生态制剂能通过以下作用方式调整并平衡胃肠道的微生态环境。

(1)定植抗力与生态占位 动物胃肠道的原籍种群能抑制其他外来微生物在肠道中定植或增殖,这就是定植抗力。这种定植抗力的产生是因为体内微生物与致病菌竞争肠道上皮的吸附位点而产生的。如果这些吸附位点被较多有益微生物所占据,病原微生物就会被排斥。研究表明,乳酸杆菌能定植于鸡和猪的肠道上皮,与动物体建立一种共生关系。

(2)分泌抑菌物质,抑制有害细菌生长,防止有害物质产生,从而改善动物生态状态 乳酸杆菌能产生细菌素、类细菌素拮抗物质和其他具有抑菌作用的代谢物(如过氧化氢和某些有机酸等)。嗜酸乳杆菌和发酵乳杆菌产生的细菌素对乳杆菌、片球菌、明串珠菌、乳球菌和嗜热链球菌有抑制作用;枯草杆菌能产生沙分枝杆菌素、杆菌溶素和杆菌肽等,都对病原菌有较强的抑制作用。

实践证实,给母猪饲喂有益微生物后,能显著降低肠道中大肠杆菌、沙门氏菌的数量,使其肠道内的有益微生物增加而潜在的致病微生物数量减少。排泄与分泌物中的致病性微生物也减少,从而净化了猪体内与体外的环境。仔猪在接触母猪乳头、粪便和场地、用具的时候,接触到有害菌的概率会相对减少。另外,有益菌群中的乳酸菌在肠道生长繁殖能产生有机酸、过氧化氢、细菌素等抑制物质,可抑制肠道内腐败细菌的生长,降低脲酶的活性,进而减少胺、氨等有害物质的产生。

2. 生物夺氧作用 在动物胃肠道微生态系统内,正常环境下厌氧菌所占比例约为99%,需氧菌仅占1%左右,当饲用微生物添加剂中某些细菌以孢子状态进入动物胃肠道,该菌种迅速繁殖,可消耗胃肠道内的氧气,使胃肠道内氧分子浓度下降,氧化还原电势下降,促进厌氧菌的生长,使厌氧菌的数目保持在较高的水平,从而维护胃肠道内微生物群落之间的生态平衡,提高定植抗力,达到防治疾病的目的。

3. 菌群屏障作用 在动物饲料中添加有益微生物可以竞争性抑制病原体富集到胃肠道壁上,起到屏蔽作用,阻止致病菌的定植与入侵,保护动物体免受感染。

4. 增强机体免疫功能,提高抗病能力 微生态制剂能促进肠道相关淋巴组织处于高度反应的应激状态,可以刺激肠道内免疫细胞分化增殖,增加局部抗体的数量和巨噬细胞的活力。同时,也可产生非特异性调节因子,进一步增强免疫功能。芽孢杆菌、乳酸杆菌、双歧杆菌可使动物肠道黏膜底层细胞增加,提高机体免疫功能特别是局部免疫功能。研究表明,肠道益生菌可通过降低小肠通透性,增强特异性的黏膜免疫反应以及加强 IgA、IgM 反应来修复肠道屏障功能。微生态制剂中的有益菌可调动和提高动物机体的一般非特异免疫功能,提高抗体的数量和巨噬细胞的活力。

另外,对于生长发育中的幼龄动物还可促进免疫器官的发育与成熟。研究表明,乳酸菌可诱导机体产生干扰素、白细胞介素等细胞因子,通过淋巴循环活化全身的免疫防御系统,增强机体抑制癌细胞增殖的能力。

动物口服益生菌后,可以调整肠道菌群,使肠道微生态系统处于最佳的平衡状态,活化肠黏膜内的相关淋巴组织,使 SlgA 抗体分泌增强,提高免疫识别力,并诱导 T 淋巴细胞、B 淋巴细胞和巨噬细胞等淋巴细胞产生细胞因子,通过淋巴细胞再循环而活化全身免疫系统,从而增强机体的免疫功能

5. 产生多种酶类提高动物消化酶活性,提高日粮利用率 某些种类的益生菌能产生多种酶类,能促进动物对营养物质的消化吸收。枯草芽孢杆菌和地衣芽孢杆菌具有较强的蛋白酶、淀粉酶和脂肪酶活性,同时具有降解植物性饲料中复杂碳水化合物的酶(果胶酶、葡聚糖酶、纤维素酶等),其中很多酶是哺乳动物本身不具有的。因此,利用芽孢杆菌制剂可增强动物消化酶的活性,促进动物生长。

使用芽孢杆菌制剂后,动物肠道内的淀粉酶和胰蛋白酶活性显著增强。添加益生酵母可以明显增加奶牛干物质采食量,减缓体重下降,使血清总蛋白、甘油三酯浓度均升高,血清尿素氮下降。酵母菌的代谢产物可促进结肠微生物的发酵,为动物增加养分的供应。乳酸菌能合成多种维生素供动物吸收,并产生有机酸加强肠的蠕动,促进常量和微量元素如钙、铁、锌的吸收。双歧杆菌等可使仔猪肠道内蔗糖酶、乳糖酶、三肽酶的活性提高。

某些酵母菌有富集微量元素的作用,使之由无机态形式转变成动物易消化吸收的有机态形式。鸡肠道中的肠球菌可使鸡更好地利用饲料中的维生素。用芽孢杆菌和乳杆菌等产酸型益生菌饲喂动物后,动物小肠黏膜皱襞增多,绒毛加长,黏膜陷窝加深,小肠吸收面积增大,从而促进增重和提高饲料利用率。

研究表明,利用不同的芽孢杆菌制成微生态制剂饲喂动物,均能提高消化道内多种酶的活性,这是微生态制剂促进动物生长作用的一个重要因素。

二、微生态制剂对菌种的要求

第一,保证合适的菌种来源。开发微生态制剂首先要筛选 1

株或几株优良菌种。在微生物种群中,可用作微生态制剂的菌种很多。美国食品与药品管理局规定了40多种菌种可以作为微生态制剂的出发菌株,我国农业部也列出了包括嗜酸乳杆菌、芽孢杆菌、粪链球菌、噬菌蛭弧菌、酵母菌和脆弱拟杆菌在内的多种微生物,这些菌种的生理特性均已被深入研究,并在实际应用中表现出良好的生产性能。选育菌种时,应尽量选用来自该动物的正常菌群(即土著菌群),这样才能最大限度地发挥其益生作用,正常菌群进入动物体内较易存活,并能与致病菌抢夺附着点。虽然也有很多微生物如芽孢杆菌等非正常菌群,其共生作用与正常菌群有所不同,它们更多的是消耗肠内的氧气,造成不利于致病菌生存的环境,另外产生酶和维生素等代谢产物,主要起促进生长的作用,也常被用作微生态制剂的出发菌株。目前还有许多优秀的菌种尚未得到开发利用,如拟杆菌、优杆菌、消化球菌等。

第二,菌种不应具有病原性。非病原性是筛选微生态制剂菌种的重要条件,即使促生长或者其他生产性能非常好,病原菌绝对不予考虑。因此,必须确定开发菌株的安全性,并且对该菌种可能的代谢产物进行系统的研究。值得注意的是,一株现在无毒副作用的菌种,将来可能因为理化、微生物、毒素和菌种本身原因引起负性突变,变成有毒菌种,所以应定期对生产菌种进行安全试验检测。

第三,菌种必须达到一定的浓度。微生态制剂中起主要作用的是活性微生物,虽然其中某些代谢产物对动物的生产性能也有一定的正面作用,但目前除少数微生态制剂以液体形式上市外,绝大多数均通过发酵、收集菌体、干燥和固化处理后以固形物投放市场,因此保证制剂中活性微生物的含量对发挥其益生作用至关重要,对其产品的检验也应采用活菌记数,而不是细菌总量记数。

目前对微生态制剂中活性微生物的含量尚无特别严格的规定,数量在每克几亿个至几百亿个不等,如瑞典生产的 Medip-harmtabisil,含乳酸菌 20×10^9 个/克、乳酸杆菌 $\geqslant 5$ 亿个/克、粪链球菌≥200亿个/克,混合后不少于50亿~100亿个/克。

第四,菌种理化性质要稳定。用于制备微生态制剂的菌种必须具有较好的稳定性,主要指对特定环境的耐受力,如温度、湿度、酸度、机械摩擦和挤压以及室温条件下的贮存时间等。菌种稳定性的高低直接关系到微生态制剂的使用效果。对饲用微生态制剂,必须经受饲料加工过程中高温的考验,所以菌种对温度的稳定性显得尤为重要。不同菌种对高温的耐受力差异较大,芽孢杆菌耐受力最强,100℃条件下作用2分钟只损失5%~10%,而在80℃条件下作用5分钟,乳酸杆菌、酵母菌的损失为70%~80%,95℃条件下作用2分钟损失达98%~99%。在一般的制备过程中,80℃~100℃对芽孢杆菌的影响较小,对乳酸杆菌、酵母菌和粪链球菌等影响较大。就耐水性而言,孢子型细菌耐受性最好,肠球菌、粪链球菌次之,乳酸杆菌最差。除耐酸性的芽孢杆菌和乳酸菌外,一般的活菌制剂会在胃酸作用下大量被杀死,残存的少量活菌进入肠道后很难形成菌群优势。因此,不耐酸的活菌制剂其含菌量必须达到相当大的浓度才能发挥益生作用。此外,饲料的保存时间、饲料中矿物质和不饱和脂肪酸的含量也会影响益生菌的活力。微生态制剂稳定性方面的研究,一直是微生物学家的研究热点,随着多种技术的不断应用,出现了加入适当包裹剂的产品,使微生态制剂的稳定性有了进一步的提高。另外,也可以运用基因工程技术构建更利于生产、保存、定植、繁殖或具有特殊功能的工程菌制剂。

第五,适合规模化生产。用作微生态制剂生产的菌种应适合大规模培养,这样才能有效降低生产成本。特别筛选那些在体内外繁殖速度快、生长条件粗放、可在较短时间形成高生物量的益生菌,同时对菌种的生理特性进行系统的研究,探索菌种生长的最适生长条件。目前,微生态制剂菌种的培养主要选用固体表面发酵法和液体深层发酵法。固体表面发酵法生产成本高、产量低,不适宜工业化批量生产;液体深层发酵法是现代发酵工业的主要形式,可用机械搅拌式发酵罐或气升式发酵罐,细菌经发酵培养大量增殖后,经浓缩、干燥得到半成品,然后按要求配成成品。

三、微生态制剂的使用方法

(一)微生态制剂的选择

不同种类的微生态制剂,其中所含细菌对宿主畜禽有一定的特异性,因此在选择微生态制剂时,应根据养殖品种,选择相对应的微生态制剂。在使用微生态制剂的同时要充分考虑到其作用对象以及使用目的,对不同的动物要区别对待。

有益活菌对宿主的定植有种属特异性,因为正常菌群在动物消化道内定植是通过细菌的黏附作用完成的,这种黏附作用具有种属特异性,从某一动物分离的细菌,只对该类动物具有较强的定植性,对其他动物则不易定植。同时,细菌种属不同黏附性也有差异。细菌的黏附性是由特异黏附素 C(一种蛋白质样物质)来决定的,如防治 1～7 日龄仔猪腹泻首选植物乳酸菌、乳酸片球菌、粪链球菌等产酸的微生态制剂;促进仔猪生长发育、提高日增重和饲料利用率则选用双歧杆菌等菌株;反刍动物则选用真菌类的益生素,以曲霉为好,可加速纤维素的分解。

微生态制剂根据用途可分为养殖环境调节剂、控制病原的微生态控制剂以及提高动物抵抗力增进健康的饲料添加剂等 3 类。因此,实际生产中应根据不同的需要选择合适的制剂,预防动物常见疾病选用乳酸菌、片球菌、双歧杆菌等产乳酸类的细菌效果更好;促进动物快速生长、提高饲料利用率则可选用以芽孢杆菌、乳酸杆菌、酵母菌和霉菌等制成的微生态制剂;如果以改善养殖环境为主要目的,应从以光合细菌、硝化细菌以及芽孢杆菌为主的微生态制剂中去选择。总之,在动物微生态理论指导下有针对性地使用,才能以最经济的代价达到理想效果。

(二)微生态制剂的使用时间和时机

微生态制剂在动物生长的任何过程均可使用,但不同的生长时期微生态制剂的作用效果有所不同。如从新生畜禽开始使用,可保证其中的有益微生物先占据消化道,从而减少或阻止病原菌的定居。动物处于幼龄期时,体内微生态平衡尚未完全建立,抵抗疾病的能力较弱,此时使用微生态制剂,可较快地进入体内,并迅速占领附着点,使微生态制剂的效果达到最佳。

研究表明,新生反刍动物肠道内有益微生物种群数量的增加不仅可以促进宿主动物对纤维素的分解和消化,而且有助于防止病原微生物侵害肠道。另外,在断奶、运输、饲料改变、天气突变和饲养环境恶劣等应激条件下,动物体内细菌的微生态平衡遭到破坏,这个时期引入微生态制剂可有效地调整动物体内细菌的微生态平衡,对形成优势种群极为有利。因此,把握益生菌的应用时机,尽早饲喂,并要连续长期饲喂,达到建立优势菌群的数量优势,其益生作用才能得到充分发挥。

(三)微生态制剂的使用剂量

建立益生菌的数量优势和连续使用是合理使用微生态制剂应注意的问题。微生态制剂的益生作用是通过有益微生物在动物体内一系列生理活动来实现的,其最终效果同施加的益生菌的数量密切相关,数量不够,在体内不能形成菌群优势,难以起到益生作用。试验研究表明,如果一种细菌在盲肠内容物中的浓度低于 10^7 个/克,该菌产生的酶和代谢产物不足以影响宿主;数量过多,超出占据肠内附着点和形成优势菌群所需的菌量,益生菌的功效不会增加,还会造成不必要的浪费。微生态制剂用于特定养殖动物所需的菌群数量目前尚无统一的规定,国外学者认为,仔猪饲料中加入微生态制剂其含菌量应达到 $(0.2 \sim 0.5) \times 10^7$ 个/克饲料,肥育猪饲料中每克加入 10^6 个芽孢杆菌,粪便中大肠杆菌减少

35%，每天加入 0.5～0.6 克方可起到治疗效果。而乳酸杆菌因制剂不同而有差异，其数量不少于 10^7 个/克，每日添加 0.1～3 克，一般添加量为 0.02%～0.2%。

(四)微生态制剂与抗菌药物配合使用

由于抗菌药物的杀菌作用十分明显，可以弥补微生态制剂在治疗上的不足，所以可先用抗菌药物杀灭病原菌，扫清道路，使微生物制剂无竞争对手，无阻碍地建立全新的肠道微生态体系，以更好地发挥微生态制剂的作用。在动物发病期，可先选用针对性较强的抗菌药物杀灭或抑制致病微生物的繁殖，控制疾病的蔓延。同时，抗菌药物在杀灭致病菌时，动物体内的正常菌群也遭到破坏，此时应及时引入微生态制剂，通过其独特的益生作用，使紊乱的肠道菌群平衡得到恢复，这就是所谓的微生态制剂与抗菌药物的协同作用。

但微生态制剂和抗菌药物不能同时使用，因为微生态制剂所含有的活菌对抗菌药物及其他杀菌药物敏感。使用微生态制剂时，如果确实需要使用抗菌药物，也应间隔 24 小时以上再使用，尽量不要将这两种制剂同时使用。

四、微生态制剂的保存

微生态制剂含有一些获得微生物，不良的保存方法会造成微生物数量的减少，导致微生态制剂的活性降低或失活。未开封使用的微生态制剂应保存在干燥、凉暗的地方，适宜的保存温度为 5℃～15℃；未用完的微生态制剂应存放在干燥、凉暗的环境，同时要特别注意密封，因为氧气可能导致微生态制剂中的厌氧菌死亡。微生态制剂不论开启与否，均不宜长时间存放，存放的时间越长，活菌的数量越少，其功效越差，甚至会失效。

五、微生态制剂使用时存在的问题

微生态制剂已经在生产实践中得到了广泛的应用,并取得了一定的效果,但在生产实践中仍然存在许多问题。需要进一步的改进和完善。微生态制剂在使用时主要存在以下问题。

第一,定植困难。微生态活菌制剂中的活菌主要是体外培养产物,而且大多属于非肠道细菌,不适于肠道生存,竞争力不强,难以定植,往往成为匆匆过客。动物肠道内的微生物系统是经过数亿年生物进化的结果,是平衡的完美体系,特别是成年动物更加稳定,不容易被外源性的不完美体系所替代。有益活菌对宿主的定植有种属特异性,从某一动物分离的细菌,只对该类动物有较强定植性,对其他动物则不易定植。

第二,竞争力不强。首先微生态制剂的繁殖速度处于劣势,1株致病性大肠杆菌 24 小时可以增殖成 43 亿个菌的群体,而微生态制剂中的活菌增殖远远达不到这个速度,较难形成群体优势。其次,杀菌力不强,微生态制剂中的活菌,对致病菌缺乏强有力的杀伤作用。

第三,抵抗灭活作用不强。大多数有益活菌适宜的 pH 值为 6~7,通过 pH 值低于 6 的胃酸环境时易被灭活。另外,消化道内的胆汁酸对有益活菌也有灭活作用,从而使微生态制剂中的菌株不能定植在肠道内。所以,微生态制剂中的菌株通过胃和小肠两道关卡后,数量大量减少,活力严重削弱,发挥作用有限。

第四,不能久存、不耐高温。微生态制剂均含有大量活菌,在饲料加工、运输、贮存过程中容易失去活性,降低生物活性作用。此外,随着保存时间的延长,微生态制剂中的活菌数量不断减少,活力逐渐减弱,只有芽孢杆菌对外界的抵抗力比其他益生菌要强些。在加工过程中,温度达到 80℃~100℃时,有大量不耐热的活菌会被杀死。因此,微生态制剂都不能长期保存,也不耐高温和日晒。

第五,菌种数量较少。目前使用的微生态制剂菌种还较少,只有芽孢杆菌、乳酸杆菌、双歧杆菌、链球菌、酵母菌等少数菌种,而且除乳酸杆菌和双歧杆菌外,其他制剂在肠道内的作用机制尚不清楚。

微生态制剂是一种新型活菌饲料添加剂,具有抗菌药物和酶的功效。使用一定量的微生态制剂可增强动物的抗病能力,促进生长,提高饲料利用率。该制剂还是一种环保型产品,具有无毒副作用、无耐药性、无残留、无污染的优点,对提高畜禽产品质量、改善生态环境具有重要意义。微生态制剂在未来应朝着能够获得1种或几种可靠的、自始至终都能产生良好作用的微生态制剂使用菌种发展,相信在将来微生态制剂能够为我们的畜牧业做出更大的贡献。

六、猪常用微生态制剂的种类及使用方法

微生态制剂的分类方法有多种,根据微生态制剂的用途及作用机制可分为微生态生长促进剂、微生态多功能制剂和微生态治疗剂;根据微生态制剂组成可分为单一菌剂和复合菌剂。目前生产中多根据微生物菌种类型进行分类,如芽孢杆菌制剂、乳酸菌制剂、酵母类制剂、优杆菌类和拟杆菌制剂等。

(一)需氧芽孢杆菌制剂

芽孢杆菌制剂是一种需氧的非致病菌,以内孢子的形式存在于肠道微生物群落中,是微生态制剂常用的菌种之一。该类菌具有耐酸、耐盐、耐高温、耐挤压等特点,已广泛应用于生产的需氧芽孢杆菌包括地衣芽孢杆菌、蜡样芽孢杆菌、纳豆芽孢杆菌、巨大芽孢杆菌和枯草芽孢杆菌等,制成的制剂商品名称为促菌生、调痢灵、促康生、止痢灵等,该类制剂可用于治疗猪的腹泻,并有一定的促生长作用。

1. 蜡样芽孢杆菌菌粉

【主要成分】 本品系采用蜡样芽孢杆菌菌株,经适当的培养基培养,大量收集菌体制成的有益于畜牧、水产养殖的高活性微生物品种,具有繁殖能力快、形成芽孢多、容易存活、对外界恶劣环境具有较强的抗逆性等特点。本品为高度耗氧菌,进入动物体内后造成体内缺氧环境可抑制致病菌生长,同时创造了一个有利于厌氧乳酸菌生长的环境,乳酸菌的生长又增加了环境的酸度,更加强了对致病菌生长的抑制。本品活菌含量每克不少于 100 亿个。

【物理性状】 本品为浅黄色粉末。

【作用与用途】 用于调整动物肠道功能紊乱和菌群失调症状,激活机体免疫系统,提高机体免疫功能,降低抗生素的毒副作用,防治动物胃肠道疾病,增加日增重,提高瘦肉率和畜产品品质。

【用法与用量】 饲料加工时的添加量为 0.1%～0.3%。拌料饲喂时按 0.01%～0.02% 加入到饲料中,直接投喂。每 10～15 天使用 1 次。疾病多发期可增加用量至 0.03%～0.05%,每 3～5 天投喂 1 次。保证有益细菌的数目在 100 亿个左右。

【注意事项】 不可与消毒和抗菌药物一起使用。

【贮藏与有效期】 于阴凉干燥处低温贮存,有效期为 12 个月。

2. 纳豆芽孢杆菌菌粉

【主要成分】 本品是采用日本的纳豆芽孢杆菌菌株,经适宜的培养基大量培养,干燥后制成的高活性微生物制剂。本品具有繁殖能力快、形成芽孢多、容易存活、抗逆性强的特点,是一种能促进养殖动物生长、改善养殖环境的微生物活性制剂。每克活菌含量为 50 亿个以上。

【物理性状】 为浅黄色粉末。

【作用与用途】 可促进养殖动物的生长,提高饲料利用率,还能抑制有害微生物的繁殖,减少疾病的发生,减少抗菌药物的使用。同时,可提高动物的抗应激能力。可改善养殖环境,降低养殖环境有害物质的产生。改善养殖动物的品质,使养殖品种皮毛色泽光滑、发亮,活力强,肉质鲜美、口感好,同时由于减少了抗菌药物的使用,也大大提高了食用的安全性。

【用法与用量】 饲料加工时的添加比例为 0.1%～0.3%。拌料饲喂时按 0.3%～0.5%加入饲料中直接投喂。疾病多发期可增加用量至 0.5%～0.8%。

【注意事项】 不可与消毒剂和抗菌药物一起使用。

【贮藏与有效期】 置于干燥阴凉处贮存,有效期为 24 个月,开封后应尽快使用。

3. 地衣芽孢杆菌

【主要成分】 本品系引进国外地衣芽孢杆菌菌株,经适当的培养基大量培养,纯化后制成的高活性微生物制剂。具有繁殖快、形成芽孢多、容易存活、抗逆性强的特点。每克制剂活菌含量为200 亿个。

【物理性状】 本品为浅黄色粉末。

【作用与用途】 拮抗猪肠道病原菌,维持肠胃微生态平衡;产生多种酶类物质,提高消化酶活性,促进养殖动物的生长,提高饲料利用率 15%、增重率提高 12.05%,对预防和减少营养性障碍有明显的效果;提高机体免疫力,增强动物机体抗病力。

【用法与用量】 饲料加工时的添加量为 0.1%～3%,拌料投喂时按 0.3%～5%加入到饲料中直接投喂。也可将本品按1∶750(治疗用量)或 1∶1 500(保健用量)的比例,放入水中活化 2 小时后供猪饮水使用。本品是一种安全、无毒、无副作用的新型微生态制剂,常规用量和加倍剂量猪均能耐受。

【注意事项】 不要与消毒和抗菌药物一起使用。

【贮藏与有效期】 置于干燥阴凉处贮存,有效期为 18 个月。

4. 枯草芽孢杆菌

【主要成分】 本品是由从自然界中筛选的微生物,经发酵工艺生产而成。本产品芽孢含量高,性能稳定,活性强,作用时间持久,使用安全方便,无毒,无腐蚀,对人、畜和植物无害,具有生物降解性,生态安全。每克制剂活菌含量为 200 亿个以上。

【物理性状】 浅黄色粉末。

【作用与用途】 分解猪舍内的残渣,降解粪浆,消除臭味;能有效降解高分子物质为低分子物质,促进营养成分的吸收,提高饲料利用率,同时还能抑制有害微生物生长,提高猪的免疫力,增强猪的抗病能力,减少疾病发生,提高成活率。

【用法与用量】 用于环境处理时,按处理量的 0.1%～0.5%加入,饲料加工时的添加量为 0.1%～0.3%,拌料饲喂时按0.02%～0.03%加入饲料中直接投喂,每 10～15 天使用 1 次。

【注意事项】 不要与消毒和抗菌药物一起使用,处理养殖水时注意增氧。

【贮藏与有效期】 在阴凉干燥处保存,有效期为 24 个月。

5. 肽子乐

【主要成分】 粗蛋白质≥36%,芽孢杆菌≥5×10^8 CFU/克,乳酸菌 25×10^9 CFU/克,还含有淫羊藿、黄芪、党参、板蓝根、大青叶、甘草、酵母硒、酵母锌、生物活性肽、氨基酸、包被纳米合成维生素等。

【物理性状】 干粉状。

【作用与用途】 主要用于断奶仔猪和肥育猪,可提高机体免疫力、解除免疫抑制、减少发病;促进消化、吸收能力,提高饲料利用率;改善肠道功能,减少肠道疾病;解除饲料中的霉菌毒素;改善养殖环境,减少圈舍内氨气、硫化氢的浓度,降低呼吸道疾病的发病率;增进食欲,促进生长,改善体型,提高生产性能;长期使用本品能延长养猪床的使用寿命。本品绿色环保,无污染,无任何毒副作用,可长期添加。

【用法与用量】 按全价饲料的 5%～8%添加,同时可适量减少豆粕的添加量,有疫情时添加量为 10%。

【注意事项】 不要与消毒和抗菌药物一起使用。

【贮藏与有效期】 在阴凉干燥处保存,有效期为 24 个月。

6. 多儿康(母猪专用)

【主要成分】 含粗蛋白质、芽孢杆菌($\geqslant 5 \times 10^8$CFU/克)、乳酸菌(2.5×10^9CFU/克)、淫羊藿、黄芪、党参、板蓝根、大青叶、甘草、酵母硒、酵母锌、生物活性肽、氨基酸、包被纳米合成维生素、生育酚、谷胱甘肽等。

【作用与用途】 主要供后备母猪、妊娠母猪、哺乳母猪、空怀母猪使用。可提高机体免疫力,解除免疫抑制,减少发病;促进消化、吸收能力,提高饲料利用率。改善肠道功能,减少母猪产前、产后不食和粪便干结。去除饲料中的霉菌毒素。改善养殖环境,减少猪舍内氨气、硫化氢的浓度,降低呼吸道疾病的发病率。后备母猪长期使用本品能很好地解决因霉菌毒素中毒引起的繁殖周期紊乱、不规律发情或根本不发情、久配不孕等,提高母猪妊娠率,提高窝产仔数。妊娠母猪长期添加本品能提高繁殖性能,提高仔猪成活率,减少死胎和产后胎衣不下、子宫感染现象。哺乳母猪长期添加能增加产奶量,提高仔猪成活率和整齐度,减少弱仔,提高断奶窝重,减少仔猪发病率。

【用法与用量】 按全价饲料的 5%~8%添加,同时可适量减少豆粕的添加量,有疫情时添加量为 10%。

【贮藏与有效期】 于常温干燥处存放,有效期为 24 个月。

7. 饲用益生菌原料

【主要成分】 EM 菌群、芽孢杆菌菌群、酵母浸膏、木寡糖、载体。

【作用与用途】 用于清除致病菌。原料适合饲料厂、兽药厂、集约化养殖场使用;疫病流行时,使用本品再发酵后泼洒圈舍,可以快速控制环境致病菌的扩散。

【用法与用量】 取本品 1~2 千克混入 1 吨饲料中,于饲养全程使用;首次使用或辅助治疗时加量使用。

【注意事项】 本品含高产酶放线菌株和真菌类有益微生物,使用时不影响日常防疫、药物投喂等工作。使用时取本品 10 千克加红糖或葡萄糖 1 千克,对水 5 升(水温保持 30℃～40℃),经 24～48 小时发酵后使用,可以增效数十倍,特别适合亚健康畜禽快速调理健康。

【贮藏与有效期】 于避光、阴凉、干燥处保存,有效期为 18 个月。

8. 芽孢痢疾停

【主要成分】 纯芽孢菌粉、纳米蒙脱石、生命活性稀土。

【物理性状】 本品为类黄色粉末,具香味。

【作用与用途】 具有吸附、止泻、收敛、排除毒素以及抗菌、调节菌群平衡和胃肠道功能的作用,临床上主要用于各种原因导致的肠炎、腹泻,如传染性胃肠炎、流行性腹泻、黄痢、白痢、红痢、断奶转群应激、消化不良等。

【用法与用量】 预防时用本品 100 克拌料 100～200 千克,连续使用;治疗或辅助治疗时,用本品 100 克拌料 50 千克,连用 2～4 天。也可直接涂布于刚出生的乳猪体表,具有吸湿、保暖和防止腹泻等作用,连用 2～4 天。

【注意事项】 严禁直接饲喂,拌料时应混合均匀,切勿加量。

【贮藏与有效期】 于避光、阴凉、干燥处保存,有效期为 12 个月。

9. 肠白金(芽孢)口服液

【主要成分】 枯草芽孢杆菌、地衣芽孢杆菌、蜡样芽孢杆菌、酵母菌、乳酸菌、光合细菌、放线菌、酵母浸膏、木寡糖等。

【物理性状】 本品为液体,久置有少量沉淀。

【作用与用途】 可预防和治疗猪胃肠炎和顽固性腹泻,如黄痢、白痢、大肠杆菌病等;对药物性肠炎、肠毒综合征亦有较好效果;可帮助消化,提高饲料利用率,增加养殖效益。

【用法与用量】 预防时用本品 1 毫升,对水 1 升,于饲养全程使用;辅助治疗或治疗时用本品 2～5 毫升,对水 1 升,连续使用 2～5 天;或按 0.2～0.3 毫升/千克体重直接口服。

【注意事项】 使用前充分摇匀;本品久置有特殊臭味,属正常;本品不影响防疫和抗菌药物的使用。

【贮藏与有效期】 密封后置于阴凉、干燥处保存,有效期为 8 个月。

10. 畜禽可乐口服液

【主要成分】 含芽孢杆菌、噬菌体、双歧杆菌等,还含有天然芽孢菌素、溶菌酶等,是由多种高效有益微生物组成的活菌制剂(超浓 EM 原露)。具有防病、止泻、促进畜禽生长的特殊功效。可全程使用,无耐药性、无残留,是健康养殖场首选的绿色产品。

【作用与用途】 可防治畜禽腹泻,促进畜禽生长,提高机体免疫力,增加采食量。

【用法与用量】 预防时用本品 1 毫升,对水 1～2 升,于饲养全程使用;辅助治疗或治疗时用本品 2～5 毫升加入 1 升饮水中,连续使用 2～5 天;或按 0.2～0.3 毫升/千克体重直接口服。

【注意事项】 本品具有特殊香味,使用前应充分摇匀。

【贮藏与有效期】 密封后置于阴凉、干燥处保存。

(二)乳酸菌制剂

用于制作微生态制剂的乳酸菌主要是嗜酸乳杆菌、双歧杆菌、粪链球菌和尿链球菌,它们的共同特征是能大量产酸。因此,常统称为乳酸菌。乳酸菌的生理作用比较明显,它在肠道内正常地无害定植,能抑制病原菌生长繁殖,合成维生素,促进食物消化,帮助营养吸收,促进代谢,克服食物腐败。肠球菌也是动物肠道中的正常菌群之一,其作用类似于乳酸菌。乳杆菌作为微生态制剂的主要作用是与致病菌竞争,稳定正常菌群,因为乳杆菌能产生大量的乳酸,使 pH 值明显降低,产生过氧化氢和其他特异性抑制成分,如杀细菌素等,使致病菌减少。另外,乳杆菌是微需氧菌,它能与致病菌进行营养物质和氧的竞争,也是抵御病原菌的重要因素之一。

乳酸菌在防治动物腹泻中的效果十分明显,当腹泻动物体内正常菌群发生紊乱时,双歧杆菌、嗜酸乳杆菌和肠球菌均减少,口服乳酸菌制剂后,正常菌群得到恢复,腹泻得以治愈。粪链球菌可提高不良卫生条件下饲养的仔猪增重率,增加饲料消耗量,提高饲料转化率,减少腹泻的发生。

我国常用嗜酸乳杆菌配以粪链球菌和枯草杆菌,这3种细菌互相依赖,促进增殖,其中嗜酸乳杆菌分解糖类产生乳酸,可抑制有害微生物的生长繁殖;粪链球菌产酸快,有助于嗜酸乳杆菌的增殖;枯草杆菌则可以分解淀粉产生葡萄糖,为乳酸菌提供能源。

1. 乳酸菌

【主要成分】 本品是乳酸菌通过微生物发酵制备而成的纯菌粉制剂,具有抗逆性强、耐胃酸、耐胆酸盐、存活率高等特点。活菌含量为每克 30 亿个。

【物理性状】 为浅灰色粉末。

【作用与用途】 提供营养物质,促进机体生长;改善微生态环境,维持动物机体的微生态平衡,保障宿主正常生理状态。乳酸菌还能产生细菌素,如乳链菌素、乳酸菌素、嗜酸菌素等,这些物质在抑制病原菌上具有重要作用。乳酸菌制剂能够增强免疫力,表现在两方面:一是影响非特异性免疫应答,增强单核吞噬细胞(单核细胞和巨噬细胞)、多形核白细胞的活力,刺激活性氧、溶酶体酶和单核因子的分泌;二是刺激特异性免疫应答,如加强黏膜表面和血清中 IgA 和 IgM、IgG 水平以加强体液免疫,促进 T 淋巴细胞和 B 淋巴细胞的增殖,加强细胞免疫。

【用法与用量】 饲料加工时的添加量为 0.2%～0.5%,拌料投喂时按 0.02%～0.05%加入饲料中直接投喂。每 10～15 天使用 1 次,长期服用效果更佳。也可直接用于饮水中,每吨水添加10 克。

【注意事项】 不要与消毒和抗菌药物一起使用。

【贮藏与有效期】 于阴凉干燥处保存,有效期为 12 个月。

2. 双歧杆菌 双歧杆菌是寄生在人、动物小肠下段的重要正常菌群,起着维护微生态平衡的作用。本菌在仔猪出生后 2 天开始定植,之后增长十分迅速,4～5 天时占优势,6～8 天时则建立了以双歧杆菌占绝对优势的菌群。此后,双歧杆菌一直是占绝对优势的正常菌。

双歧杆菌与猪的许多生理功能密切相关,如生长发育、营养物质的消化和吸收、生物拮抗和免疫功能等,特别是在维护肠道细菌间的生态平衡,防止菌群失调以及外来致病菌的入侵等方面作用更加明显。当机体处于病理状态时,往往表现双歧杆菌数量较少,恢复到生理状态时,其数量又逐渐增加到原来的水平。因此,双歧杆菌可作为衡量动物机体健康状态的一个敏感指标,补充双歧杆菌可防治某些疾病,特别是细菌性腹泻。

【主要成分】 本品是采用双歧杆菌菌种通过微生物发酵制备而成的纯菌粉制剂。

【物理性状】 为淡黄色粉末。

【作用与用途】 具有调整肠道功能紊乱的作用,可以预防腹泻,减少便秘,即双向调节作用。这种调节能起到预防和治疗各种肠道疾病的效果。

【用法与用量】 饲料加工时的添加量为 0.2%～0.5%;拌料投喂时按 0.02%～0.05%加入饲料中直接投喂。每 10～15 天使用 1 次,长期服用效果更佳。

【注意事项】 不要与消毒和抗菌药物一起使用;不得与有毒、有害和有腐蚀性的物质混存。

【贮藏与有效期】 于阴凉干燥处保存,有效期为 12 个月。

3. 粪链球菌

【主要成分】 是粪链球菌菌株经过驯化后,采用生物发酵工程技术生产的微生态制剂。活菌含量为 50 亿个/克以上。

【物理性状】 为浅黄色粉末。

【作用与用途】 能提高养殖动物白细胞吞噬能力和淋巴细胞转化率,增强细胞免疫反应,改善肠道微生态平衡,使用本品后能使肠道中的大肠杆菌和 pH 值显著降低。

【用法与用量】 作为饲料添加剂按规定比例拌入饲料,仔猪饲料中添加 0.1%~0.22%,肉猪饲料中添加 0.1%。或仔猪每日每头添加 0.2~0.5 克,治疗量加倍,直接添加于饲料中。

【注意事项】 不得与抗菌药物和消毒剂同时使用,切勿用 50℃以上热水溶解。

【贮藏与有效期】 于避光、干燥、阴凉处保存,有效期为 6 个月。

4. 仔 猪 宝

【主要成分】 肠球菌、乳酸菌、芽孢、双歧因子、二氧化酶、载体。

【作用与用途】 直接补充微生态益生菌和酶制剂,酸化肠道环境,消耗肠道内氧气,抑制病原菌生长,迅速恢复或重建仔猪的消化菌群,激活并刺激内源性消化酶,使仔猪的消化功能增强,进而提高体质和免疫力。解决断奶仔猪采食量小、生长慢、易腹泻等问题。于病前、病中或病后使用,1~2 天大部分病例即可恢复。

【用法与用量】 预防时用本品 500 克混于 15~30 千克饲料中,辅助治疗时将本品 500 克混入 5~10 千克饲料中。

【注意事项】 严重病例除配合使用药物外,应配合好得快加 2%~5%葡萄糖饮水,促生长和增进食欲时可配合使用通用牲血素等制剂。

【贮藏与有效期】 于遮光、密闭、干燥处保存,有效期为 12 个月。

5. 溢 利 健

【主要成分】 米曲菌、乳酸菌、二氧化酶、专利成分和载体。

【物理性状】 粉末状,具特有窖香味。

【作用与用途】 改变饲料品质,减少易得难治的各种病症,如慢性呼吸道病、不明原因的各种腹泻、母畜食欲不振、便干、食少等;减轻或消除各种疾病的亚临床症候,改善畜禽的亚健康状态,使畜禽不易患混合感染性疾病;适用于解毒、排毒、食少、厌食、猝死、肠毒综合征等的辅助治疗。

【用法与用量】 保健添加按 0.5% 比例拌料,辅助治疗或解除霉菌毒素中毒时按 2%～5% 比例拌料。

【注意事项】 辅助治疗或解除霉菌毒素中毒时,可在水中加入 3%～5% 葡萄糖粉,效果既快又好。

【贮藏与有效期】 于遮光、密闭、干燥处保存,有效期为 12 个月。

(三)酵母类制剂

酵母在肠道内的数量相当少,目前应用的主要是啤酒酵母和石油酵母,它能为动物提供蛋白质,刺激有益菌的生长。

酵母菌菌粉

【主要成分】 本品选用酵母菌菌株,采用生物工程技术发酵制成,具有抗逆性强、存活率高、适应性强等特点。活菌含量为每克 50 亿个。

【物理性状】 浅灰色粉末。

【作用与用途】 改善肠道环境,促进有益微生物的生长与繁殖。促进生长,可提供丰富的蛋白质、核酸、维生素和多种酶,可增加饲料适口性,促进动物对饲料的消化吸收能力,增加动物免疫力,增强机体免疫功能,提高抗病力,改善养殖环境。

【用法与用量】 发酵饲料时按 0.05%～0.08% 的量与乳酸菌、枯草芽孢杆菌等有益微生物一起配合使用。拌料饲喂时按 0.01%～0.02% 的量与芽孢杆菌和乳酸菌等益生菌混合拌料,也可单独使用。处理养殖环境时按 1 克/米^2 的量用适量水溶解后均匀泼洒,或直接抛撒。每 10～15 天使用 1 次,一般与枯草芽孢杆菌、乳酸菌等有益微生物配合使用。

【注意事项】 不得与消毒剂和抗菌药物一起使用。

【贮藏与有效期】 于阴凉干燥处保存,有效期为 18 个月。

(四)拟杆菌制剂

拟杆菌是寄生在人和动物后部下肠道的正常菌,在革兰氏阴性厌氧杆菌中占第一位,对动物肠道微生态平衡起着重要作用。拟杆菌能利用碳水化合物、蛋白胨或其中间代谢产物,包括琥珀酸、乙酸、乳酸、甲酸和丙酸等。以脆弱拟杆菌、粪链球菌和蜡样芽孢杆菌制成的复合活菌制剂,对预防和治疗由沙门氏菌引起的仔猪腹泻有较好的效果。

(五)优杆菌属制剂

优杆菌也是一种数量很大的正常菌群成员,该菌在代谢过程中可释放大量丁酸、醋酸和甲酸,具备用作微生态制剂生产用菌种的基本特性。优杆菌属共有 36 个菌种,它们专性厌氧程度高,不少菌株只能在预还原培养基上生长,不易培养。它们可以刺激吞噬细胞并产生相应的细胞因子,与宿主炎症反应有关系。优杆菌类可以分泌乳酸,促进饲料的消化,抑制病原菌、促进有益菌的生长,但其稳定性较差。

(六)其他微生态制剂

除上述菌种外,黑曲霉、米曲霉也可用于制备微生态制剂,此外还有噬菌蛭弧菌的研究和应用。噬菌蛭弧菌类似于噬菌体,这类细菌已经广泛应用于制作微生态制剂。生物制菌王也称 919 生态制剂,主要用于家畜和家禽细菌性腹泻的预防和治疗,并能促进畜禽生长,无毒副作用,无残留,无耐药菌株的产生,同时对环境没有污染。

制痢王(噬菌 28)

【主要成分】 噬菌蛭弧菌($>5.6×10^7$ CFU/毫升)、混合噬菌体($>4.7×10^{10}$ CFU/毫升)、生物活性肽(>4 毫克/毫升)、肠黏膜修复剂(>5 毫克/毫升)、免疫调节剂(>7 毫克/毫升)、促生长因子（＞4 毫克/毫升）。

【物理性状】 水溶剂。

【作用与用途】 噬菌蛭弧菌和噬菌体对引起仔猪黄、白痢的大肠杆菌有寄生和裂解的效果，可有效防治仔猪黄、白痢。其中还含有微量元素、肠黏膜修复剂、生物活性肽、免疫调节剂和促生长因子，可明显提高仔猪的抗病能力，具有促进生长作用。

【用法与用量】 用连续注射器口腔注射灌服最佳，也可拌料、混水给药。预防时，30 日龄以内的猪每头每次 5 毫升，每日 1 次，连用 3 天，治疗用量为预防用量的 1～2 倍。

【注意事项】 ①本品禁止与抗菌药物原液配伍使用，以防活性物质被高浓度的抗菌药物破坏。②在仔猪发病前或发病初期使用本品效果更佳。③使用本品时需摇匀，不可用温度为 45℃以上的水进行稀释，以防影响效果。④不可在 0℃以下结冰状态保存，以防活性物质被破坏。

【贮藏与有效期】 在 2℃～10℃阴凉干燥处保存，有效期为 8个月；在 37℃以下常温阴凉干燥处保存，有效期为 4 个月。

第七章　猪常用类毒素的合理使用

一、类毒素的概念

类毒素又称脱毒毒素、减力毒素或变性毒素。某些致病性细菌本身毒力不是很强，但其产生的外毒素毒力较强，往往引起严重的疾病，如肉毒杆菌、破伤风梭菌等。预防这些致病菌引起的疫病，应注射相应的类毒素。动物接种类毒素后能产生自动免疫，如破伤风类毒素。在类毒素中加入适量磷酸铝或氢氧化铝等吸附剂的类毒素称为吸附精制类毒素。精致类毒素注射入动物体后，能延缓机体的吸收，长时间地刺激机体产生免疫反应，能够增强免疫效果，如明矾沉降破伤风类毒素。

二、猪常用类毒素的种类及使用方法

(一)猪传染性萎缩性鼻炎类毒素

【主要成分】　本品是含猪支气管败血波氏杆菌、巴氏杆菌 A 型和产毒素 D 型的氧化铝水剂类毒素，具有抗原含量高(浓缩型)、免疫速度快等特点。

【作用与用途】　预防猪传染性萎缩性鼻炎和由波氏杆菌、巴氏杆菌(A 型和产毒素 D 型)引起的肺炎，适用于成年母猪和仔猪。可预防仔猪早期感染是本产品的特异功效，它能在短期内产生抗体保护仔猪。妊娠母猪分娩前注射能给后代提供保护力，对母猪本身反应小，不造成流产，属安全、高效的类毒素。

【用法与用量】　初产母猪于分娩前 4～6 周初次免疫，分娩前

2～4 周进行第二次免疫,每次剂量均为 2 毫升,两次接种的间隔时间为 2 周左右。

经产母猪于分娩前 2～4 周免疫 1 次即可,剂量为 2～4 毫升。

未用本疫苗接种的母猪,其所产仔猪可在 7～10 日龄进行首免,断奶前 3～5 天进行第二次免疫,剂量均为 1 毫升。

免疫母猪所生仔猪于断奶前 3～5 天免疫 1 次即可,剂量为 1 毫升。

【贮藏与有效期】 冷藏于 2℃～8℃条件下,有效期为 12 个月。

(二)破伤风类毒素

【主要成分】 本品系用产毒力强的破伤风梭菌,接种于适宜的培养基培养,产生的外毒素经甲醛溶液灭活脱毒、滤过除菌后,加明矾制成。

【物理性状】 本品静置时,瓶底有大量白色沉淀物,上部为微黄色澄明液体,振摇后为微带黄色的乳浊液。

【作用与用途】 预防猪破伤风。注射后 1 个月产生免疫力,免疫期为 12 个月。翌年再注射 1 毫升,免疫力可持续 48 个月。

【用法与用量】 猪皮下注射 0.5 毫升,经 6 个月后,再注射 1 次,平时注射 1 次即可,受伤时再用同剂量注射 1 次。若受伤严重,还应皮下注射破伤风抗毒素。

【不良反应】 注射后数小时在注射部位发生直径 5～15 厘米的炎性肿胀,经 5～7 天炎症逐渐消退,但遗留一个硬结,需再经多日才能消散。

【注意事项】 ①体质瘦弱,患热性病、呼吸道病、心脏病以及临产前 2 个月的猪均不宜注射。②使用时必须充分振摇,混合均匀。③注射后 15 天内,须逐日进行观察。如注射部位发生化脓,应施行外科治疗。反应过强时,可注射破伤风抗毒素。

【贮藏与有效期】 于 2℃～15℃冷暗干燥处保存,有效期为 36 个月。

第八章　猪常用副免疫制品的合理使用

　　副免疫制品能通过刺激动物机体产生特异性和非特异性免疫,以提高动物机体的免疫力,使动物机体对其他抗原物质的特异性免疫力更强、更持久。长期以来,人们主要注重疫苗免疫而忽略了副免疫制品的免疫增强作用。大量的实践证实,副免疫制品能够增强疫苗免疫效果。目前,养殖业中普遍面临着耐药性菌株的出现以及药物残留的不断增多,只采用疫苗来提高动物的免疫力已经不能满足疫病控制的需要。在使用疫苗的同时,注重副免疫制品的使用,减少抗菌药物的添加,是提高动物抗病力,提高产品质量的有效方法。

　　副免疫制品的发展非常迅速,但目前仍没有统一的分类方法,为了便于读者了解,本书将按照主要成分将猪常用副免疫制品进行分类介绍。

一、免疫增强剂

(一)猪用免疫球蛋白

　　【主要成分】　本品含有高浓度的免疫球蛋白,包括 IgG、IgA、IgE、IgM 和 IgD,其中 IgG 在免疫过程中占主导地位,具有抗病毒、抗外毒素等多种活性。

　　【物理性状】　为无色或淡黄色微浊液体,冷冻后为冰块状。

　　【作用与用途】　主要用于猪伪狂犬病、口蹄疫、繁殖与呼吸综合征、细小病毒病、传染性胃肠炎、猪瘟、猪流行性感冒等病毒性疾病的紧急预防和治疗,具有增强免疫力,中和病原微生物,提高仔猪抗病力,增强仔猪体质的功能。

【用法与用量】 肌内或皮下注射,每25千克体重用1毫升,每日1次,连用2天,重症加量。

【注意事项】 使用前要摇匀,开瓶后一次性用完。

【贮藏与有效期】 低温冷冻保存,-15℃条件下可保存24个月,2℃~8℃条件下可保存12个月。

(二)母猪牲命1号

【主要成分】 是由中药(制杜仲、当归、怀山药、生石膏等)、18种氨基酸、EM菌等制成的复合制剂。

【作用与用途】 用于母猪分娩前、后的保健,达到促情、壮仔、增乳的作用。应用本品能提高胎儿初生重,增加哺乳母猪泌乳的质和量,减少仔猪黄、白痢,促进空怀母猪及时发情和排卵等。

【用法与用量】 保健防病时按0.5%~1%的量添加于饲料中投喂,治疗或辅助治疗时按2%~5%的量添加。

【注意事项】 ①如母猪有便秘情况,可添加2%。②分娩前、后最好和溢利健或妙益生配合使用。③母猪有乳房炎或隐性乳房炎、仔猪排黄色水样便时应加大投喂量,可按5%~10%的量添加。④如妊娠时母猪没有使用本品,仅哺乳时使用,同时仔猪又比较瘦弱,则应加大投喂量,可增加1%~5%,以增大泌乳量,加快仔猪增重。

【贮藏与有效期】 低温冷冻保存。

(三)促免1号

【主要成分】 氨基酸螯合微量元素、中药多糖肽提取物、核酸、益生元等。

【物理性状】 干粉状。

【作用与用途】 于接种疫苗前、后使用,可增加应答抗体水平;消除亚健康状态,防治疾病;在辅助治疗时使用,可增加药效,缩短疗程;作为保健剂使用,可提高生产能力。

【用法与用量】 保健使用时按 0.5%～1% 拌料投喂,连用 2～5 天。长期添加则按 0.1% 拌料。辅助治疗时按 1%～2% 拌料投喂,连用 2～7 天。

【注意事项】 勿与消毒剂同用。

【贮藏与有效期】 低温冷冻保存。

二、维生素类复合制剂

(一)牛磺酸维生素 C 粉

【主要成分】 牛磺酸和维生素 C。

【作用与用途】 可用于炎热、转运时的抗应激;解除各种细菌、病毒毒素及其他中毒,如农药、兽药、重金属、霉变饲料中毒等;还可辅助治疗热性、急性、慢性疾病,提高生产能力,避免繁殖力低下等。

【用法与用量】 取本品 100 克混于 100～200 升饮水或 100～200 千克饲料中。临床用于辅助治疗时,用量可加大 5～10 倍。

【贮藏与有效期】 低温冷冻条件下可保存 24 个月。

(二)B 族精华素

【主要成分】 维生素 B_1、维生素 B_2、维生素 B_6、维生素 B_{12}、烟酸、泛酸钙等。

【作用与用途】 提高动物的繁殖性能,提高产蛋率和受精率,减少软壳蛋和破蛋。能有效调节机体新陈代谢,提高饲料利用率。增进食欲,帮助消化吸收,促进动物毛色光亮,改善动物肉质。增强动物抗病能力,提高成活率,防止和减轻应激,防止啄癖症。为家禽提供 B 族维生素,改善机体内环境,有助于免疫球蛋白形成,从而增强免疫力、抗病力。防治畜禽营养不良、厌食、癞皮病、食欲不振、消化不良、爪内卷曲、头颈歪斜等,具有保护肝肾和解毒的作用,可辅助治疗由疾病或药物引起的肝肾病变。对严重性疾病有辅助治疗作用,如霉菌毒素中毒、包心包肝症状等。

【用法与用量】 混饮时,100 克本品与 500～1 000 升水混合,连用 3～5 天,可重复使用;混饲时,100 克本品与 250～500 千克饲料混合,连用 3～5 天,可重复使用。辅助治疗时加量 5～10 倍使用。

【注意事项】 治疗寄生虫之后使用本品,可加快动物体质恢复。本品安全无毒副作用,可与药物混用,改善其适口性。

【贮藏与有效期】 低温冷冻保存,有效期为 24 个月。

(三)催情散维生素 E 粉

【主要成分】 维生素 E、有机硒、阳起石以及淫羊藿、菟丝子、杜仲、肉桂、韭菜籽提取物等。

【物理性状】 干粉状。

【作用与用途】 促进性腺发育,诱导动物发情,增加排卵数量和精子数量,提高繁殖力;用于保健,可提高免疫力,减少疾病;用于辅助治疗,可加快体质恢复,缩短疗程。

【用法与用量】 直接添加到饲料中,猪每日 1 次,每次 30～50 克。或用本品 100 克混于 50～100 千克饲料中,连续使用至发情。辅助治疗时,用本品 100 克混于 25～50 千克饲料中,连用5～7 天;用于保健时,取本品 100 克混于 500～1 000 千克饲料中,连续使用。

【注意事项】 妊娠动物保胎请使用辅助治疗剂量。

【贮藏与有效期】 低温冷冻保存,有效期为 12 个月。

(四)金菊维生素 C

【主要成分】 2-3 聚磷酸酯维生素 C、薄荷脑、牛磺酸、绿原酸、冰片、金银花和野菊花提取物等。

【作用与用途】 2-3 聚磷酸酯维生素 C 是饲养行业理想的稳

定性维生素 C 类添加剂，比普通维生素 C 的稳定性高 45～83 倍。主要用于畜禽保健和辅助治疗各种热性病、中毒病、慢性病，可提高免疫力；可以防止血管变脆出血，如皮肤和内脏的出血；保护肝脏等组织，可用于各种原因的中毒、肝病和其他代谢病，如禽畜常见的各种中毒病、弧菌性肝炎、病毒性肝炎、脂肪肝等；亦可用于发热或中暑、寒冷或运输等应激反应。体弱、生长不良、食欲不振、生产力不高时使用也有极好效果。

【用法与用量】 将本品 500 克混于 4 000 升饮水中，可连续使用；辅助治疗时，遵医嘱加量。

【贮藏与有效期】 低温冷冻保存，有效期为 18 个月。

（五）纳米元素螯合预混剂

【主要成分】 复合维生素、元素螯合物、18-氨基酸、生物酚、生物碱、黄金肽、肠白金等。

【物理性状】 浅黄色可溶性粉末。

【作用与用途】 用于补充均衡营养，提高体质，改善家畜、家禽生产性能，增加养殖效益。迅速提供内源性激素合成所需的营养物质，并刺激提高其水平，帮助家畜、家禽发育，促进生长；调节消化、生殖、内分泌系统，促进卵巢、免疫系统的发育，提高免疫力，减少疾病。适用于各种原因引起的家畜、家禽生长缓慢、毛皮粗糙、毛色发育不良或烂皮病，以及因疾病或不明原因引起的家畜和家禽乏情、受精率低，免疫力低下和各种应激等。

【用法与用量】 保健时，用本品 100 克混于 200 升饮水或 200 千克饲料中，连续使用。治疗时，取本品 100 克混于 100 升饮水或 100 千克饲料中，连续使用 1 周，以后改为保健用量。

【注意事项】 混合均匀，勿直接饲喂。

【贮藏与有效期】 低温冷冻保存。

三、微量元素合剂

（一）好 得 快

【主要成分】 1千克样品中含铁≥1克、铜≥7.5克、锌≥11克、锰≥6克、钾≥20克，还有其他多种微量元素。

【物理性状】 干粉剂。

【作用与用途】 补充机体电解质、微量元素等营养素，缓冲体液酸碱度，促进血液循环，激活消化酶，增进食欲，降低疾病、应激对畜禽的伤害。

【用法与用量】 保健营养饮用时用本品100克混于100～200升饮水中，连续使用5～7天；抗应激或辅助治疗时用本品100克混入50～100升饮水中，连续使用3～5天。

【注意事项】 严禁直接饲喂，与饲料和饮水混合时要保证均匀。

【贮藏与有效期】 低温冷冻保存，有效期为24个月。

（二）通用牲血素

【主要成分】 右旋糖酐铁、富马酸铁、亚硒酸钠、赖氨酸钴、蛋氨酸锌、缬氨酸铜、包被维生素 B_{12} 等。

【物理性状】 干粉状。

【作用与用途】 抗贫血、促生产、抗应激，用于畜禽缺铁性贫血和生长迟缓。对母猪妊娠后期和产后保健至关重要，可以增强体质，强壮胎仔，防止流产。加快禽类患球虫病、住白细胞原虫病等失血性疾病后的恢复。对家畜患附红细胞体病、寄生虫等所致的体弱消瘦、精神沉郁、食欲不振、离群伏卧、体温不高、被毛粗乱、黏膜灰白、异嗜消瘦等营养不良、生长迟缓症，有加快恢复的作用。

【用法与用量】 用本品100克混于100～200千克饲料或

100～200 升饮水中;辅助治疗时混入 25～50 千克饲料或 25～50
升饮水中。

【注意事项】 本品结块不影响疗效。在家畜患附红细胞体病
时使用,有较好的补充体能、增强抵抗力的效果。

四、复合酶制剂

(一)氧 化 酶

【主要成分】 本品为复合酶制剂,主要含有氧化酶,酶系种类
多,此外还含有乳酸菌素、辅酶、枯草芽孢杆菌、青霉菌、啤酒酵母
等。氧化酶是一种需氧脱氢酶,能靶向地氧化 β-D-葡萄糖成为葡
萄糖酸和过氧化氢。本品无毒副作用、无残留和耐药性,可增加饲
料适口性,提高饲料营养价值,促进生长,防治疾病作用突出。可
提高动物免疫调节能力,提高动物抗应激能力,改善养殖环境,消
除亚健康状态,减少各类疾病的发生。

【物理性状】 粉末状。

【作用与用途】 可以去除饲料中的毒素分子和抗营养因子,
激活动物体内的内源性酶,具有瞬间诱食、辅助受损器官修复、恢
复机体功能等作用。

【用法与用量】 全价饲料中添加 0.1%～0.5%,5%预混料
中添加 2%～10%。辅助治疗用推荐使用最大剂量。

【注意事项】 防潮,禁忌长时间经受高温或曝晒。

【贮藏与有效期】 于遮光、密闭、干燥处保存。

(二)蛋白酶制剂

【主要成分】 本品是利用枯草芽孢杆菌、米曲菌、啤酒酵母等
微生物采取固体表面发酵的方式生产的蛋白酶制剂。与液体深层
发酵法相比,具有生产周期短、成本低、无污染、酶系全、活力高等

优势。主要成分有复合蛋白酶、氧化酶、辅酶、枯草芽孢杆菌、米曲菌、啤酒酵母等。

【物理性状】 粉末状。

【作用与用途】 可明显提高饲料适口性和营养价值,提供营养,防治疾病,促进生长;促进蛋白质的消化吸收,提高饲料转化率;可提高动物免疫调节能力和抗应激能力;改善养殖环境,扩大饲料原料来源;可去除饲料中的毒素分子和抗营养因子,激活动物体内的内源性酶,具有瞬间诱食、辅助受损器官修复、恢复机体器官功能等作用。

【用法与用量】 全价饲料的添加量为 0.1%~0.5%,5%预混料按 2%~10%添加。辅助治疗时推荐使用最大剂量。

【注意事项】 防潮,禁忌长时间经受高温或曝晒。

【贮藏与有效期】 于遮光、密闭、干燥处保存。

(三)妙益生口服液

【主要成分】 包被消化酶、专利成分和载体。

【物理性状】 浅黄色乳状液体,味酸气香。

【作用与用途】 快速分解体内毒素,促进消化,增强机体免疫力,对曲霉菌毒素中毒有特效;通顺胃肠道,增加采食量,加强体质,提高免疫力;出栏前期使用,可迅速降低药残,增加畜禽产品的品质。

【用法与用量】 用于规模养殖模式保健饮水时,1 毫升本品混入 1 升水中,于饲养全程使用。解毒、增进食欲、抗应激、辅助治疗时,每千克体重饮用本品 0.2~0.5 毫升,连续服用 3~5 天。

【注意事项】 ①解毒、增进食欲、抗应激、辅助治疗或治疗霉菌感染时,配合使用 2%~5%的葡萄糖水,可降低伤亡,加快恢复。②本品可与任何药物协同使用,增加疗效,缩短疗程。③污染变质时不得使用。

【贮藏与有效期】 于遮光、密闭、干燥处保存。

五、其他副免疫制剂

(一)快乐开食酸

【主要成分】 乳酸、苹果酸、枸橼酸、抗坏血酸、牛磺酸、胆酸、谷氨酸等氨基酸、载体无水葡萄糖。

【物理性状】 干粉状。

【作用与用途】 适用于多种原因引起的伤食积滞、消化不良、胃肠积热、大便燥结、口渴、食欲不振、生长迟缓等,传染病导致的不食、少食、厌食,各种不明原因导致的消瘦、厌食症,疾病愈后采食少,炎热、寒冷和各种应激引起的少食,各种消化不良、生长不良、粪便中有未消化的饲料、生产性能低下、产蛋率不高,不明原因引起的脾虚下陷、脱肛、啄癖等。

【用法与用量】 取本品100克混于50~200升饮水或50~200千克饲料中;辅助治疗时混于25~50升饮水或25~50千克饲料中。

【注意事项】 本品结块不影响疗效。

【贮藏与有效期】 于遮光、密闭、干燥处保存。

(二)孕马血清促性腺激素

【主要成分】 为妊娠2~5个月的马血浆中提取的血清促性腺激素,加适宜的赋形剂,经冷冻真空干燥制成的无菌制剂。

【物理性状】 本品为白色无定形粉末。

【作用与用途】 属激素类药物,具有促卵泡素和促黄体素活性。常用于母畜催情和促进卵泡发育,对公畜可促进雄性激素分泌,提高性欲。也用于胚胎移植时超数排卵。

【用法与用量】 皮下或肌内注射,每日1次或隔日1次,猪的用量为10~12毫升。

【贮藏与有效期】 在冷暗处保存,有效期为 24 个月。

(三)猪 R-干扰素

【主要成分】 本品是用猪 R-干扰素重组基因工程菌,经发酵培养收获细菌培养物,经菌体分离提取纯化后加保护剂冷冻干燥制成,主要成分是活性蛋白,每头份含猪 R-干扰素 2 万单位。

【物理性状】 本品为白色疏松海绵状固体,加稀释液后迅速溶解成均匀的液体。

【作用与用途】 适用于各品种和年龄的猪,具有很强的免疫调节作用,能调节猪体免疫功能,提高猪体对病原微生物的抵抗力。具有强烈的抗病毒作用,对轮状病毒、传染性胃肠炎病毒、流行性腹泻病毒、圆环病毒、细小病毒、伪狂犬病毒等引发的猪病毒性疫病具有良好的治疗作用。本品具有很强的免疫增强作用,与猪瘟活疫苗、猪繁殖与呼吸综合征活疫苗等猪用疫苗同时注射,可促进免疫猪快速产生高水平抗体,提高疫苗免疫效果。

【用法与用量】 肌内注射,大、小猪每头每次均注射 2 万单位,每日 1 次,2 天为 1 个疗程;病重猪每头每日可早、晚各注射 1 次,连续注射 3~5 天。

【不良反应】 个别猪注射后可能出现全身发红等过敏反应,一般可自行恢复。特殊病例如未断奶仔猪应立即注射肾上腺素或地塞米松等抗过敏药物施救,可迅速恢复。

【注意事项】 本品仅对猪有特异性,对其他动物无效。应使用配备的专用稀释液或无菌生理盐水进行稀释,不需要超剂量使用。应在标明的有效期内使用,使用时应彻底溶解并振摇均匀,一旦开启应在 4 小时内用完。切忌高温和阳光直射。在疫区或非疫区均可使用,不受季节限制。本品与抗菌药物和疫苗同时使用,可提高抗菌作用和疫苗免疫效果。

【贮藏与有效期】 于−20℃条件下避光保存,有效期为 36 个月;于 2℃~8℃条件下避光保存,有效期为 24 个月。

(四)猪白细胞干扰素

【主要成分】 是用新城疫病毒诱导健康猪白细胞产生干扰素,经培养、灭活病毒、除菌和分装等制成。

【物理性状】 为红色透明液体,无沉淀。

【作用与用途】 具有抗病毒作用,用于防治猪流行性腹泻和其他病毒性疾病。

【用法与用量】 肌内注射,每头每日注射 1 次,乳猪 10 000 单位,仔猪 20 000 单位。病重猪 40 000 单位,每日 2 次,连用 3～5 天为 1 个疗程。

【注意事项】 ①对病猪治疗的同时,可对已经隔离的同群未发病猪用本品做预防注射,剂量同治疗剂量。②启封的药液限一次性用完。③可与抗菌类药物同时使用。④治疗时应同时配合加强饲养管理、消毒等综合性防治措施。

【贮藏与有效期】 于 2℃～8℃条件下保存,有效期为 18 个月。

附表一　生物制品使用过程中常用名词及英文缩写

名　词	英文缩写	解　释
半数致死量	LD_{50}	表示致病微生物（或其毒素）以特定途径接种动物，在一定时间内能致死50％动物的剂量
半数鸡胚致死量	ELD_{50}	表示能致死半数鸡胚的微生物剂量
最小致死量	MLD	表示经一定途径能在一定时间内完全杀死一组实验动物的致病性微生物（或毒素）的最小剂量
最小感染量	MID	表示经一定途径在一定时间内能使接种动物或组织培养出现可见感染的最小微生物剂量
半数感染量	ID_{50}	表示能使实验动物或组织培养半数出现感染的微生物剂量
半数鸡胚感染量	EID_{50}	表示能使鸡胚半数出现感染的微生物剂量
半数细胞培养感染量	$TCID_{50}$	表示能使50％接种后的细胞产生细胞病变的病毒量
致细胞病变作用	CPE	表示病毒在细胞培养中生长后，使细胞发生退行性变性，细胞由多角形皱缩为圆形，出现空泡、坏死等现象，最后引起细胞死亡
菌落形成单位	CFU	是指在活菌培养计数时，由单个菌体或聚集成团的多个菌体在固体培养基上生长繁殖所形成的集落，以其表达活菌的数量
优良制造标准	GMP	是一种特别注重在生产过程中实施对产品质量与卫生安全的自主性管理制度

附表二　商品猪参考免疫程序

免疫时间	使用疫苗
1 日龄	猪瘟弱毒疫苗①
7 日龄	猪支原体肺炎灭活疫苗△
20 日龄	猪瘟弱毒疫苗
21 日龄	猪支原体肺炎灭活疫苗△
30 日龄	高致病性猪蓝耳病灭活疫苗
	猪传染性胸膜肺炎灭活疫苗△
	链球菌 2 型灭活疫苗△
37 日龄	猪丹毒疫苗、猪巴氏杆菌病疫苗或猪丹毒、猪巴氏杆菌病二联疫苗△
	仔猪副伤寒弱毒疫苗△
	传染性萎缩性鼻炎灭活疫苗△
55 日龄	猪伪狂犬病基因缺失弱毒疫苗
	传染性萎缩性鼻炎灭活疫苗△
60 日龄	口蹄疫灭活疫苗
	猪瘟弱毒疫苗
70 日龄	猪丹毒疫苗、猪巴氏杆菌病疫苗或猪丹毒、猪巴氏杆菌病二联疫苗△

注:①在母猪带毒严重,垂直感染引发哺乳仔猪猪瘟的猪场实施。△根据本地疫病流行情况可选择性进行免疫

附表三　种母猪参考免疫程序

免疫时间	使用疫苗
每隔 4～6 个月	口蹄疫灭活疫苗
初产母猪配种前	猪瘟弱毒疫苗
	高致病性猪蓝耳病灭活疫苗
	猪细小病毒灭活疫苗
	猪伪狂犬病基因缺失弱毒疫苗
经产母猪配种前	猪瘟弱毒疫苗
	高致病性猪蓝耳病灭活疫苗
产前 4～6 周	猪伪狂犬病基因缺失弱毒疫苗
	大肠杆菌双价基因工程疫苗△
	猪传染性胃肠炎、流行性腹泻二联疫苗△

注：1. 种猪 70 日龄前免疫程序同商品猪。2. 日本乙型脑炎流行或受威胁地区，每年3～5 月份（蚊虫出现前 1～2 个月）使用日本乙型脑炎疫苗间隔 1 个月免疫 2 次。
3. △根据本地疫病流行情况可选择进行免疫

附表四　种公猪参考免疫程序

免疫时间	使用疫苗
每隔 4～6 个月	口蹄疫灭活疫苗
每隔 6 个月	猪瘟弱毒疫苗
	高致病性猪蓝耳病灭活疫苗
	猪伪狂犬病基因缺失弱毒疫苗

注：1. 种猪 70 日龄前免疫程序同商品猪。2. 日本乙型脑炎流行或受威胁地区，每年 3～5 月份（蚊虫出现前 1～2 个月）使用日本乙型脑炎疫苗间隔 1 个月免疫 2 次。3. 猪瘟弱毒疫苗建议使用脾淋苗

参考文献

[1]　姜平．兽医生物制品学[M]．北京：中国农业出版社，2003.

[2]　刘宝全．兽医生物制品学[M]．北京：中国农业出版社，1994.

[3]　李研东，韩力．动物微生态制剂的研究进展[J]．饲料研究，2008(2)：23-24.

[4]　孙卫东．猪场消毒、免疫接种和药物保健技术[M]．北京：化学工业出版社，2010.

[5]　孙建宏，曹殿军．常用畜禽疫苗使用指南[M]．北京：金盾出版社，2003.

[6]　张晓根，汪德刚，邢钊．畜禽免疫防治手册[M]．北京：中国农业大学出版社，2000.

[7]　马玉华，王会珍．猪病防治问答[M]．北京：化学工业出版社，2007.

[8]　贾国文，付利芝．新猪病诊断与防治[M]．北京：中国农业出版社，2007.

[9]　赵鸿璋，曹广芝．规模化猪场疫病防控与案例分析[M]．郑州：中原农民出版社，2009.

[10]　温飞跃，郭勤平，王丽明．当前规模化猪场疾病发生流行的特点及原因对策[J]．现代畜牧兽医，2010，4：32-34.

[11]　张春杰．家禽疫病防控[M]．北京：中国农业出版社，2009.

[12]　刘安典．常用畜禽疫苗及生物制品使用手册[M]．北京：中国农业出版社，2008.

[13]　冯忠武．动物生物疫苗[M]．北京：化学工业出版社，

2007.

[14] 潘凤琴. 猪瘟免疫失败原因分析及防制措施[J]. 畜禽业,2007(5):18.

[15] 王彦军. 猪圆环病毒2型感染对猪场的危害及防治措施[J]. 猪业科学,2007(11):74-76.

[16] 陈申秒,魏建忠. 副猪嗜血杆菌病的研究进展[J]. 养猪,2007,4:21-23.

[17] 张振兴,姜平. 实用兽医生物制品技术[M]. 北京:中国农业科技出版社,1996.

[18] 王明俊. 兽医生物制品学[M]. 北京:中国农业出版社,1997.

[19] 王明哲. 畜禽用药指南[M]. 北京:中国农业出版社,1998.

[20] 韩雪清. 猪瘟病毒及其猪瘟疫苗研究进展[J]. 动物医学进展.2000(2):1-4.

[21] 何存利. 规模化猪场传染性萎缩性鼻炎流行病学调查[J]. 甘肃畜牧兽医,2001(1):14.

[22] 何英俊. 猪繁殖与呼吸综合征对猪瘟免疫效果的影响[J]. 养猪,2002(3):37.

[23] 万遂如. 对当前猪用生物制品研发状况之浅见[J]. 农村养殖技术,2005,11:41-43.

[24] 濮文政. 畜禽免疫失败的原因分析[J]. 浙江畜牧兽医,2002,3:25.

[25] 张立昌. 猪传染性胸膜肺炎研究进展[J]. 养猪,2001(1):40.

[26] 郭坚芬. 浅谈畜禽免疫失败的原因及对策[J]. 疫病防治,2009,6:62-63.

[27] 朱瑞良,王允超,路建彪. 生物制品,专家为你掀开面纱[J]. 动物科学与动物医学,2003,20(5):8-11.

[28]　王琼秋,亚芸,王建忠.使用兽用生物制品应注意事项[J].中国畜禽种业,2010,3:44.

[29]　万遂如.当前猪用生物制品研发状况[J].中国牧业通讯,2005,12:35-37.

[30]　何明清,倪学勤.我国动物微生态制剂研究、开发和应用动态[J].饲料广角,2002(21):1-7,39.

[31]　秦生巨.噬菌蛭弧菌的研究及应用[J].水产科技情报.2008,35(2):70-72.

[32]　窦晓明,孙高英,单虎.乳酸菌胞外产物对副溶血弧菌抑制作用的研究[J].河北渔业,2007(5):8-11.

[33]　中国兽医药品监察所.兽药质量快速识别和安全使用手册[M].北京:中国农业科技出版社,2008.

[34]　傅牧.兽医生物制品制造工艺理论与实践[M].北京:中国农业科技出版社,2007.

金盾版图书,科学实用,
通俗易懂,物美价廉,欢迎选购

猪病诊断与防治原色图谱(第2版)	18.00	奶牛场兽医师手册	49.00
猪病鉴别诊断与防治原色图谱	30.00	奶牛常见病综合防治技术	16.00
		牛病鉴别诊断与防治	10.00
猪病鉴别诊断与防治	16.00	牛病中西医结合治疗	16.00
猪病诊治150问	13.00	牛群发病防控技术问答	7.00
猪附红细胞体病及其防治	7.00	奶牛胃肠病防治	6.00
猪病防治手册(第三次修订版)	16.00	奶牛肢蹄病防治	9.00
		牛羊猝死症防治	9.00
猪病中西医结合治疗	12.00	羊病防治手册(第二次修订版)	14.00
养猪防疫消毒实用技术	8.00	羊病诊断与防治原色图谱	24.00
养猪场猪病防治(第二次修订版)	17.00	羊霉形体病及其防治	10.00
		兔病鉴别诊断与防治	7.00
猪场流行病防控技术问答	12.00	兔病诊断与防治原色图谱	19.50
猪繁殖障碍病防治技术(修订版)	9.00	鸡场兽医师手册	28.00
		鸡鸭鹅病防治(第四次修订版)	18.00
猪流感及其防治	7.00		
猪瘟及其防制	10.00	鸡鸭鹅病诊断与防治原色图谱	16.00
猪圆环病毒病及其防治	6.50		
猪链球菌病及其防治	6.00	鸡产蛋下降综合征及其防治	4.50
猪细小病毒病及其防制	6.50		
猪传染性腹泻及其防制	10.00	养鸡场鸡病防治技术(第二次修订版)	15.00
猪传染性萎缩性鼻炎及其防治	13.00	养鸡防疫消毒实用技术	8.00
		鸡病防治(修订版)	12.00
猪伪狂犬病及其防制	9.00	鸡病诊治150问	13.00
图说猪高热病及其防治	10.00	鸡传染性支气管炎及其防治	6.00
仔猪疾病防治	11.00		
猪病针灸疗法	5.00		
奶牛疾病防治	12.00	鸭病防治(第4版)	11.00
牛病防治手册(修订版)	15.00	鸭病防治150问	13.00

养殖畜禽动物福利解读	11.00	饲料作物栽培与利用	11.00
反刍家畜营养研究创新思		饲料作物良种引种指导	6.00
路与试验	20.00	实用高效种草养畜技术	10.00
实用畜禽繁殖技术	17.00	猪饲料科学配制与应用	
实用畜禽阉割术(修订版)	13.00	(第2版)	17.00
畜禽营养与饲料	19.00	猪饲料添加剂安全使用	13.00
畜牧饲养机械使用与维修	18.00	猪饲料配方700例(修订	
家禽孵化与雏禽雌雄鉴别		版)	12.00
(第二次修订版)	30.00	怎样应用猪饲养标准与常	
中小饲料厂生产加工配套		用饲料成分表	14.00
技术	8.00	猪人工授精技术100题	6.00
青贮饲料的调制与利用	6.00	猪人工授精技术图解	16.00
青贮饲料加工与应用技术	7.00	猪标准化生产技术	9.00
饲料青贮技术	5.00	快速养猪法(第四次修订版)	9.00
饲料贮藏技术	15.00	科学养猪(修订版)	14.00
青贮专用玉米高产栽培		科学养猪指南(修订版)	39.00
与青贮技术	6.00	现代中国养猪	98.00
农作物秸秆饲料加工与		家庭科学养猪(修订版)	7.50
应用(修订版)	14.00	简明科学养猪手册	9.00
秸秆饲料加工与应用技术	5.00	猪良种引种指导	9.00
菌糠饲料生产及使用技术	7.00	种猪选育利用与饲养管理	11.00
农作物秸秆饲料微贮技术	7.00	怎样提高养猪效益	11.00
配合饲料质量控制与鉴别	14.00	图说高效养猪关键技术	18.00
常用饲料原料质量简易鉴		怎样提高中小型猪场效益	15.00
别	14.00	怎样提高规模猪场繁殖效	
饲料添加剂的配制及应用	10.00	率	18.00
中草药饲料添加剂的配制		规模养猪实用技术	22.00
与应用	14.00	猪高效养殖教材	6.00

　　以上图书由全国各地新华书店经销。凡向本社邮购图书或音像制品,可通过邮局汇款,在汇单"附言"栏填写所购书目,邮购图书均可享受9折优惠。购书30元(按打折后实款计算)以上的免收邮挂费,购书不足30元的按邮局资费标准收取3元挂号费,邮寄费由我社承担。邮购地址:北京市丰台区晓月中路29号,邮政编码:100072,联系人:金友,电话:(010)83210681、83210682、83219215、83219217(传真)。